Memory of water
and wetland ecology

My Swamp Thing

나의 스웜프 씽

물의 기억과 습지생태 이야기

My Swamp Thing

Memory of water and wetland ecology

Copyright © 2025
Changwoo Ahn
GeoBook Publishing Co.

Published by GeoBook Publishing Co.
1015 Platinum, 28, Saemunan-ro 5ga-gil, Jongno-gu, Seoul, 03170,
Rep. of KOREA
Tel. +82-2-732-0337 http://www.geobook.co.kr
Email : geobookpub@naver.com

Authors Changwoo Ahn

Printed in Rep. of KOREA

ISBN 978-89-94242-96-5 03400

Memory of water
and wetland ecology

My Swamp Thing

나의 스웜프 씽

물의 기억과 습지생태 이야기

안창우 Changwoo Ahn

지오북 GEOBOOK

안창우 교수는 버려진 어항에 잠시 넣어둔 미꾸라지가 모기 애벌레들을 순식간에 먹어 치운 사실을 발견하고 내게 알려준 대학원생이었다. 전혀 뜻밖의 사실을 알려주던 그 날의 장면은 한 장의 사진처럼 내 뇌리에 꽂혀 있다. 1993년 9월 18일 아침의 일이다.

그의 소박했던 첫 실험과 우연한 발견은 세계적인 습지생태학자 윌리엄 미치(William J. Mitsch) 교수의 박사과정 지도를 받는 결정적인 실마리가 되었다. 그리고 세월은 30년 넘게 흘렀다.

이 책에는 지난 세월 일관되게 습지생태학을 익히고, 가르치며, 현장에서 실험하고, 관찰하며 수집한 결실이 오롯이 담겨 있다. 습지의 바탕인 생태와 수문, 토양 특성을 아우르며 미국 오하이오와 일리노이, 버지니아, 플로리다를 거쳐 아프리카, 그리스 답사와 함께 강의, 학생 지도 과정에 나눈 대화에 연구의 정수를 녹여낸 솜씨와 드디어 예술까지 접목하는 노력이 멋지다.

그의 공부와 삶은 다음 문장으로 압축된다. "가르쳐 보지 않으면 배움은 절대 완성되지 않는다." "너는 섬이야."

이도원 명예교수
서울대학교 환경대학원

습지생태학자인 안창우 박사는 환경 과학 및 정책 분야의 뛰어난 연구자이자 헌신적인 교수로, 조지메이슨대학교에서 권위 있는 교수상을 수상했습니다. 그는 과학, 공학, 예술, 인문학을 통합하는 '레인프로젝트(The Rain Project)'를 설립한 혁신가입니다. 과학자로서 안 박사는 수많은 생태예술가들과 훌륭하게 긴밀히 협력해 왔으며, 이 예술가들을 학회 패널에 초대하고 강의를 위해 자신의 강의실로 초대하기도 했습니다. 뛰어난 환경 과학자의 새 책을 환영해 주시기 바랍니다.

바샤 얼랜드 명예교수
뉴멕시코대학교, 예술 및 생태학 프로그램 창립자

Wetland ecosystem ecologist, Dr. Changwoo Ahn, is both an excellent researcher and a devoted teacher in Environmental Science and Policy at George Mason University who has won prestigious awards as a professor. He is an innovator who founded The Rain Project, which integrates the sciences, engineering, arts and humanities. As a scientist, Dr. Ahn has admirably worked closely with numerous ecoartists and has included these artists on conference panels and invited them into his classrooms to lecture. Please welcome this new book by an outstanding environmental scientist.

Basia Irland, Professor Emerita
University of New Mexico, Founder of the Art and Ecology Program

Prologue • 프롤로그

'아우 추워!' 기숙사 문을 열고 나서자 차가운 공기가 온몸에 확 느껴지는 겨울 아침이다. 밤을 거의 새우고 새벽녘이 되어서야 한두 시간 자는 둥 마는 둥 했다. 잠이 모자란 상태에서 찬 겨울바람에 설상가상 빈속인 몸이 절로 움츠러들었지만 눈이 번쩍 뜨였다. 머뭇거릴 시간이 없다. 미국에 오자마자 산 25달러짜리 중고자전거의 페달을 힘껏 밟았다. 캠퍼스의 기숙사에서 습지생태학 학기말 고사가 있는 코트만 홀(Kottman Hall)까지는 약 693헥타르에 달하는 어마어마하게 큰 캠퍼스를 관통하는 올렌탄지강(Olentangy River)을 건너 3km 정도를 가야 한다. 유학 첫 학기, 그것도 가장 중요한 전공수업의 기말 시험! 최선을 다해 공부했다. 이 시험만 끝나면 그래도 잠깐 쉴 수 있다는 즐거운 상상을 하며 달렸다. 그런데 웬일! 강을 가로지르는 다리 중간쯤, 얼어 있던 바닥 때문에 자전거가 미끄러졌다. 핸들이 심하게 꺾이면서 나를 내동댕이치고 반대편에 체인이 풀린 채 처박혔다. "쉿(shit)!" 입에서 욕이 저절로 나온다. 혹시나 하며 주위를 재빨리 살펴본다. 아무도 없다. 손바닥이 다 쓸려 피가 나고, 바지를 올려 보니 무릎도 피가 철철 난다. 풀린 체인을 다시 끼워 보려고 몇 번을 반복했더니 두 손은 기름때로 새까맣다. 앗! 몇 시지? 늦었다!! 기름때 묻은 손은 물론, 피가 나는 무릎을 제대로 닦지도 못한 채 엎어진 자전거를 세워 끌고 여전히 미끄러운 다리를 건너 부랴부랴 시험이 치러지는 건물로 향했다.

* * *

　시험장으로 들어가니 이미 시작한 지 10여 분이 지난 시점이었다. 자리를 못 찾아 두리번거리던 내게, 감독 중이던 수업조교가 내 몰골을 아래위로 훑더니 제일 앞 열에 자리가 있다고 연신 손을 흔든다. 늦은 것도 창피한데 맨 앞자리라니…. 이것저것 따질 상황이 아니기에 간신히 자리에 앉았다. 펜을 꺼내고 시험지를 받아들고 호흡을 가다듬어 보려는데 오히려 눈앞이 깜깜하고 가슴이 마구 뛰었다. 시험을 망칠 것 같다는 불안이 엄습해왔다. 흘깃 고개를 돌리니 다들 열심이다. '집중, 집중해! 이럴수록 차분히 집중!' 머리로는 다 아는 말을 미친듯이 되뇌어도, 이미 나는 시험을 망치고 있었다. 왜냐하면, '망했다'가 이미 내 정신뿐만 아니라 몸까지 지배해 버렸기 때문이다.

　그렇게 시험을 보는 둥 마는 둥 하고 나와 학교 앞 편의점으로 향했다. 오하이오의 차디찬 겨울바람에 몸은 더 움츠러들었다. 따뜻한

핫초콜릿 한 잔을 부여잡고 후후 불면서 조금씩 마음을 쓸어내렸다. 눈물이 핑 돌았다. 미국에서의 삶이 시작되던 1996년 박사과정 첫 학기, 12월 기말시험 마지막 날 아침풍경이다.

* * *

현재 나는 미국 조지메이슨대학교(George Mason University)의 환경과학 및 정책학과에서 22년간 교수로 근무하고 있다. 습지생태학과 생태공학을 공부하고 가르치는 교수이자 연구자이지만 미국 대학원 첫 학기, 그것도 나의 전공인 '습지생태학' 과목 마지막 시험에 대한 안타까운 기억은 마치 어제 일처럼 선명하다. 이렇게 시작된 나의 미국살이도 거의 30년이 되어간다. 길다면 길고 짧다면 짧은 그 시간 속에서 학자로, 교수로, 한국계 아시안이자 미국인으로 살았다. 그리고 현재 내가 가장 중요하게 생각하는 나의 역할인 학생들의 멘토이자 스승이 되기까지는 고군분투와 성장통이 있었다. 이 책은 내가 경험한 습지생태학의 다양한 모습과 그와 얽힌 삶의 이야기를 독자들, 특히 과거, 현재, 그리고 미래의 나의 학생들과 나누고 싶은 내 마음의 첫 고백이다. 교육자로서의 경험도 나누고 싶고, 경계인(학문적으로나 개인적으로나)으로서의 삶이 내게 가르쳐 준 지혜와, 고난 속에 피어난 연꽃같이 아름답고 기뻤던 순간들도 다시 추억해 보고 싶었다.

기후변화로 미래의 불확실성이 무한대로 확장된 현 시대에 더 많은 사람들이 습지와 습지 공부에 관심을 갖게 되었으면 하는 바람이 책을 쓰게 된 가장 큰 이유다. 기후변화는 결국 '물의 순환'에 대한 이야기이다. 습지야말로 '범람과 가뭄'의 끊임없는 반복과 리듬에 적응하며 다양한 생명들을 지탱하고 우리 삶의 모든 것을 가능케 한, 물의 변화를 관찰하기에 가장 좋은 생태계이다. 그 오랜 세월 인류가 무지해서 혐오하거나 등한시했던 곳, 그래서 기회만 되면 물(생명)을 빼 버리려 했던 젖은 땅! '습지'라는 주제는 내 삶에 운명처럼 찾아왔다.

아직도 내가 습지생태학자라고 하면 낯설어하는 사람들이 많다. 질퍽거리며 끊임없이 날 유혹하는 습지는 오랜 외국생활을 하고 있는 내 삶과 비슷하다고 느낀 적이 많다. 비 오고 해 나고, 그래서 젖고 마름을 반복하는 습지생태계의 모습은 영락없는 우리네 삶 그 자체다.

사실 테뉴어를 받고 종신교수가 되던 2009년 바로 뭔가 쏟아내고 싶은 강렬했던 욕구에 휩싸여 자전적 이야기와 미국에서의 경험들을 두세 달 동안 밤마다 마구 써내려 갔던 적이 있다. 그 원고는 이미 15년이란 세월이 흘렀지만 다듬어지거나 책으로 출판되지는 않고 그저 혼자 간직하는 미완성 에세이로 남았다. 일부 내용은 이 책을 쓰기 위한 기억을 되살리는 데 도움이 되기도 했다. 난 내 모국어인 한국어가 많은 외국어들 중 하나일 뿐인 미국에 살면서 늘 '언어적 망명자'로서의 느낌을 지울 수 없었다. 한국어와 영어, 둘 중 어떤 언어로도 '쓰는 일'에 대해 약간의 두려움이 있었던 것 같다. 변명 같지만,

이제껏 굳이 한국어로 책을 써보려 하지 않았던 이유일지 모른다. 언어적 망명자로서 난 늘 언어, 즉 말과 말이 가지는 다양한 의미와 그 소통에 관심을 두고 있다. 이건 결국 지난 10여 년 다양한 분야의 사람들과 소통하고자 애썼던 나의 노력과도 무관하지 않을 것이다.

나처럼 여러 '경계'에서 살아가는 다른 많은 이들과 그들의 발자취에도 관심이 많다. 지극히 다학문적인 습지생태학과 생태공학을 공부하게 된 것은 어찌 보면 내 삶에 '필연'일지도 모른다. 20년 이상 미국 대학에서 교수로 가르치는 일을 했으니 나의 이야기는 어쩔 수 없이 미국 대학교육의 현장과 학생들과 함께 했던 다양한 경험들을 포함하고 있다. 또한 아직도 많은 사람들에게 낯선 자연기반해법과 생태계복원 분야의 여러 접근 및 사례에 대한 나의 경험도, 나의 개인적 성장사와 함께 이 책에 담겼다. 학생들에게 강의할 때의 마음가짐으로 이야기하듯 써내려 갔다. 지금까지 나를 지탱해준 힘의 원천이자 또한 교수로서 이만큼 성장하게 해준 것은 나의 학생들이다. 늘 고마운 마음이다.

2024년 봄학기, 처음으로 온전한 서배티컬(sabbatical; 안식학기)이 주어져 이 책을 쓸 수 있었던 시간에 감사한다. 이 책을 쓰면서 혼자서 마음을 다잡고 환기시켜야 할 때마다 내 자신에게 되뇌던 두 가지는 '생산적인 고독(Fertile Solitude)'과 '아름다운 감금(Beautiful Confinement)'이었다. 쓰는 일은 고행이지만 매력적임을 다시 느꼈던 좋은 시간이었다. 책을 쓰는 과정에서 습지생태학을 미국에서 배운 사람으로서 한국말로 된 적절한 용어를 찾는 과정이 마치 역번역(reverse translation)을 하는 것처럼 느껴지기도 했고 느낌이 살지 않아 당혹스러운 순간들도 경험했는데 잘 전달됐는지 모르겠다.

이만큼 살아내었는데도 여전히 인생은 알 수 없다. 그리고⋯ 아직도 야구로 치면 삼루쯤에 걸쳐 있는 내 삶이 나만의 홈(home)을 찾고 그 곳에 닿을 수 있기를 바라는 마음이다. 언제부터인가 '삶에 일어난 모든 일은 좋은 일이다'라는 마음가짐으로 살려고 노력 중이다. 모든 것이 마음가짐에 달려 있다.

Acknowledgment • 감사의 글

　책의 원고를 출판사에 보낸 것이 2024년 6월 중순이었으니, 세상에 나오기까지 거의 1년 반이라는 긴 시간이 걸렸다. 그저 한 번쯤은 출판의 과정을 즐겨보자는 마음으로 시작했지만, 책을 낸다는 일이 얼마나 고요하고도 예민하며, 또 얼마나 많은 인내와 애정을 요구하는 일인지 새삼 깨닫게 되었다.

　연락이 뜸하다가도 갑작스레 부탁드린 추천서를 흔쾌히 써 주시고, 원고까지 세심하게 읽어 주신 이도원 선생님께 고개 숙여 감사드린다. 지금의 나, 곧 학문적 정체성의 뿌리인 시스템생태학과 습지 연구의 시작은 서울대학교 환경대학원 석사 시절, 교수님을 스승으로 만나게 된 인연에서 비롯되었다. 또한 추천사를 보내주신 아티스트이자 뉴멕시코대학교 명예교수 바샤 얼랜드에게도 깊은 고마움을 전한다. 영어로 쓰인 책이 아님에도 출간이 오래 걸리자 먼저 안부를 전해왔고, 자신의 작품 사진을 자유롭게 사용하라며 흔쾌히 허락해 주셨다.

　이 책을 써 놓고 출간을 기다리는 동안, 박사학위 지도교수이셨던 윌리엄 미치 교수의 부고를 접했다. 깊은 슬픔 속에서 올렌탄지 습지 공원에서 함께 보냈던 시간들이 잇따라 떠올랐다. 책이 나오면 꼭 찾아뵙고 한 권을 직접 전하며 이런저런 이야기를 나누고 싶었지만, 이제 그럴 수 없게 되었다. 그의 유일한 한국인 제자였던 나, 이 책을 그에게 조용히 헌정한다.

무엇보다 이 책의 존재 가능성을 믿고 끝까지 함께해 주신 지오북의 황영심 대표님께 깊은 감사를 드린다. 한국과 미국, 두 시간대를 오가며 주고받은 수많은 이메일과 카카오톡 메시지들은 한 권의 책이 세상에 나오기까지 얼마나 많은 대화와 기다림이 필요한지를 보여주었다. 비록 직접 뵙지는 못했지만, 꼼꼼한 교정을 맡아주신 노환춘님을 비롯해 지오북의 모든 분들께도 진심으로 감사드린다.

이 책은 '흐름'이다. 물이 땅을 따라 흘러가듯, 기억과 감각, 언어와 사유가 뒤섞이며 내 삶을 통과한 기록이다. 무엇보다 미국에서의 긴 여정 동안 나를 지탱해 준 가족과 가까운 벗들, 그리고 함께 일하며 시간을 나눈 동료들에게 마음 깊이 감사드린다. 오랜 타지 생활을 버티게 해 준 것은 다름 아닌 그들의 관심과 격려, 그리고 사랑이었다.

이 책은 끝이 아니다. 물이 흘러가듯, 이야기는 계속된다. 그 흐름 위에 당신의 마음이 닿기를 조용히 바라본다.

2025년 10월 버지니아 페어팩스에서

안창우

일러두기

＊이 책에 등장하는 학생들과 여러 인물들의 이름은 인용된 학자 및 연구자들을 제외하고는,
　개인정보 보호를 위해 가명으로 표기하였습니다.

Contents • 차례

1장

미나리에서
올렌탄지강
습지공원까지

　배우 윤여정씨의 오스카 여우조연상 수상으로 화제가 된, 한국계 미국인 정이삭 감독의 영화 「미나리」에서 미나리는 결국 가족을 살리고, 다시 삶의 희망을 갖게 한다. 영화는 내게 짙은 여운을 남겼고, 여러 장면에서 날 울컥하게 만들었다. 그런데 한국에 있는 지인들은 전혀 공감이 안된다는 의견이 많았다. 이민자로서 미국에서 내 삶의 경험은 이제 온전히 나만의 것임을 문화적으로 재확인하는 계기가 되기도 했다.

　"미나리는 어디에 있어도 잘 자라고, 부자든 가난한 사람이든, 누구든 건강하게 해줘." 윤여정씨의 영화 속 캐릭터였던 순자의 이 대사는 삶의 지혜를 손자에게 전해 주려는 할머니의 따뜻한 마음이 가득한 말이다. 그럼에도 나는 이 대사를 듣고 웃지 않을 수 없었다. 그건 바로 습지생태학에 입문하게 된 나의 석사학위 논문이 미나리를 이용한 연구였기 때문이다. 서울대 환경대학원에서 석사과정을 하며 수경재배가 아닌, 흙이 있는 모의 습지를 조성하고 미나리와 미꾸라지를 이용해 폐수를 처리하는 실험을 진행했었다. 식수원인 팔당호의 부영양화가 심각한 수질문제 중 하나였기에 개인적으로 자연적인 수질개선 방식에 관심이 있었다. 가정폐수나 특히 음식점(예를 들어 팔당호 주변에 많던 매운탕 및 추어탕집들)에서 나오는 영양염류 가득한 물을 깨끗하게 처리할 방법을 고민 중이었다. 대학원에 들어와 처음 수질개선에 다양한 식물을 이용하는 예들을 접하게 되고, 식용가능자원인 미나리와 미꾸라지를 실험에 포함시키게 된 것이었다. 실험을 마치고 한국수질보전학회에서 발표했는데, 한겨레신문에 조그맣게 기사가 나기도 했다.

* * *

미나리는 피를 깨끗이 하는 등 잘 알려진 건강증진 효과가 있다. 내 석사논문 실험에서의 미나리는 가정폐수 속 영양염류(질소와 인)를 이용해 성장하면서 물을 정화한다. 거기에 미꾸라지까지 함께 키우면 한국의 전통음식인 추어탕 재료가 되어 생태학적으로 완벽한 '순환경제(circular economy)'의 완성이고 최근 많이 얘기하는 물-에너지-식량 넥서스(water-energy-food nexus)의 한 예라고 할 수 있을 정도로 생태공학의 아이디어가 잘 녹아 있었다.

오랫동안 미국에 살면서도 한국미나리를 먹어 볼 일은 거의 없었던 것 같다. 내가 실험에 사용했던 미나리는 영어로 watercress로 번역하기도 했지만 지금은 Java water-dropwort라고 불리는 산형과 식물로 학명은 *Oenanthe javanica* DC.이다. 미국에는 자생하지 않는다. 가끔 한인 혹은 아시안마트에 가면 영어로 watercress 또는 dropwort라고 하며, 샐러드 등에 이용하는 야채로 크레송이란 배추과의 외래식물 물냉이가 있다. 학명은 *Nasturtium officinale* W.T.Aiton이다. 이 식물도 한국에서 종종 먹었거나 내 실험에 이용했던 미나리는 아니다. 기억 속에 있는 미나리 향이 나지 않는다. 과(family)도 다르고 형태도 다르다. 미나리는 전형적인 습지식물로 한국에선 물가와 논에서 흔하게 잘 자란다. 그러나 미국습지에서 본 적은 없다. 내 주위의 미국사람들이 먹는 모습을 본 적도 거의 없다. 어쩌다 샐러드에 포함되지 않은 이상 물냉이도 따로 사서 요리해 먹는 일은 거의 없었다.

실험은 4개의 처리군으로 구성되었다. 아무것도 없는 대조군과 미나리만 있는 실험조, 미꾸라지만 있는 실험조, 그리고 미나리와 미꾸라지가 함께 있는 실험조로 구성되었다. 연구는 모의습지에서 미나리 및 미꾸라지 성장과 질소 및 인의 감소를 통한 수질개선정도를 측정한 비교적 간단한 연구였다. 이 간단한 연구를 수행할 공간도 없었던 그 당시 환경대학원의 열악한 실험실 사정으로 한국외국어대 용인캠퍼스의 한 공간을 빌려 여름내내 실험을 진행했었다. 이 실험 중에 미꾸라지는 진흙 속을 강한 힘으로 헤집고 다니며 미나리의 성장을 자극하고 실험조 내의 용존산소 증진에도 도움을 주는 것으로 관찰되었다. 실험 중 의외의 발견은 미꾸라지가 모기의 애벌레들을 다 먹어 치워 버렸다는 것이었다. 향후 습지조성과 관리에 매우 유익한 점을 발견하고, 확인하는 순간이었다.

＊ ＊ ＊

이렇게 시작된 나의 습지와 생태공학에 대한 관심은, 경제적 이유로 석사 후 다녔던 직장생활을 그만두고 유학을 준비하게 했다. 그리고 다시 1년 후인 1996년 가을, 습지생태학 석학이자 생태공학의 대가인 윌리엄 미치(William J. Mitsch) 교수의 학생이 되어 오하이오주립대에서 박사과정을 시작하게 된다. 미치 교수는 엘스비어(Elsevier)가 출간하는 국제학술지인 『생태공학: 생태계복원 저널(Ecological Engineering: Journal of Ecosystem Restoration)』의 창간자이자 편집장으로 저널을 운영 중이었다. 학생 시절 다른 대학원생들과 함께 저널 관련 일을 돕기도 했다. 현재는 나 자신도 이 학술지의 편집위원이며, 여러 해 동안 책 리뷰 편집장 일을 맡기도 했다.

동경했던 미국에서 공부를 하기 위한 이주였고 새로운 삶과 도전의 시간이었다. 그 시기에 박사과정 유학을 준비하던 동기들이 꽤 있었는데, 다들 어떤 교수와 무슨 공부를 하고 귀국하게 되면 한국에서 자리잡겠다고들 했다. 대부분 교수자리에 대한 희망을 이야기했던 것 같다. 그런데 나는 그런 구체적 계획 없이 그냥 새로운 도전, 여행을 간다고 생각했다. 라오추(Lao Tzu; 노자)의 말 한마디만 달랑 챙겼다. "좋은 여행자는 계획을 하지 않고 도착을 생각하지 않는다(A good traveler has no plan, and is not intent on arriving)." 미국에 도착했을 때가 막 스물일곱이었다. 그 이후로도 내 마음은 쭈욱 스물일곱에 머물러 있는 것 같다. 물론 마음으로 느끼는 나이의 시계도 서서히 흐르기 시작한 지 꽤 되었지만 물리적 나이와의 간격은 아직도 크다. 언어와 문화의 경계를 넘으면 한동안은 나이를 먹지 않는 마법에 걸린 듯한 착각 속에, 그런 이상한 느낌으로 한참을 살았다.

미치 교수가 이 분야에서 세계적으로 유명한 여러 이유 중 하나는 대학 캠퍼스에 있는 올렌탄지 강변을 따라 만든 인공습지공원 때문이다. 우리들은 이곳을 '콩팥습지(kidney wetland)' 공원이라 불렀는데, 공식명칭은 '올렌탄지강 습지연구공원(Olentangy River Wetland Research Park, ORWRP)'이다. 전 세계에서 유일무이하게 대학 캠퍼스에 사람의 콩팥 모양을 따서 만든 이 습지는 나를 습지전문가로 만들었을 뿐 아니라 지난 30여 년 동안 수많은 학생들을 길러 낸 산파 노릇을 톡톡히 했다. 그 공이 인정되어 2008년 한국보다 조금 큰 미국 오하이오주에서 최초의 람사르습지로 지정되었다. 오늘날 미국에 있는 총 41개 람사르습지 가운데 24번째 람사르습지로 지정된 것이다.

람사르협약은 1970년대 이후부터 실행되어 온 습지보전 및 지속가능한 이용을 위한 국가간 협약이다. 자연습지도 아니고 예전 농지였던 땅에, 사람이 조성한 습지가 우리가 잘 아는 에버글레이즈(Everglades)나 미시시피델타(Mississippi Delta)와 어깨를 나란히 하며 국제적으로 보호받는 람사르습지로 지정된 것은 이례적인 일이다. 영국이 가진 람사르습지가 175개, 캐나다가 37개, 멕시코가 142개 그리고 한국이 26개 정도의 람사르습지를 보유하고 있으니, 그야말로 그 의미가 대단하다.

콩팥습지에서는 미치 교수의 지도를 받는 대학원생이나 학부생이라면 누구나 해야 하는 일이 있다. 습지의 기능에 대한 장기데이터를 모으는 일인데, 가장 기본적인 일은 해가 뜨고 지는 시간에 맞춰 하루에 두 번씩 콩팥습지의 수질과 생태를 모니터링하고 기록하는 일이다. 광합성 활동을 통한 습지생태계의 생산활동은 해가 뜨면서 시작된다. 해가 지고 밤이 되면 호흡활동이 주가 되어 생산활동으로 만들어진 유기물을 소모한다. 이런 기본적 사이클의 반복은 생태계의 생지화학적 절차를 뒷받침하는 기제이다. 이제는 사람들에게 잘 알려진 습지의 기능 중 하나인 '수질정화' 또는 '수질개선' 기능의 발달과 유지에 밀접하게 연관되어 있다. 그래서 아주 간단한 수질인자인 수온과 더불어 물의 pH나 용존산소(DO) 농도만 아침, 저녁으로 계속 측정해도 습지의 기본적인 생지화학적 '리듬'을 체크하는 일이 가능하다.

＊ ＊ ＊

많은 학부생들이 시급 없이도 자발적으로 콩팥습지 모니터링에 연구보조원으로 참여한다. 지금도 계속되고 있으니 장기생태모니터링의 좋은 사례라고 할 수 있다. 지금은 물속에 설치한 센서들이 일정 시간 간격으로 습지연구센터 건물에 있는 컴퓨터로 데이터를 전송하니 편해졌지만, 내가 대학원생일 때만 해도 장화를 신고, 여러 개의

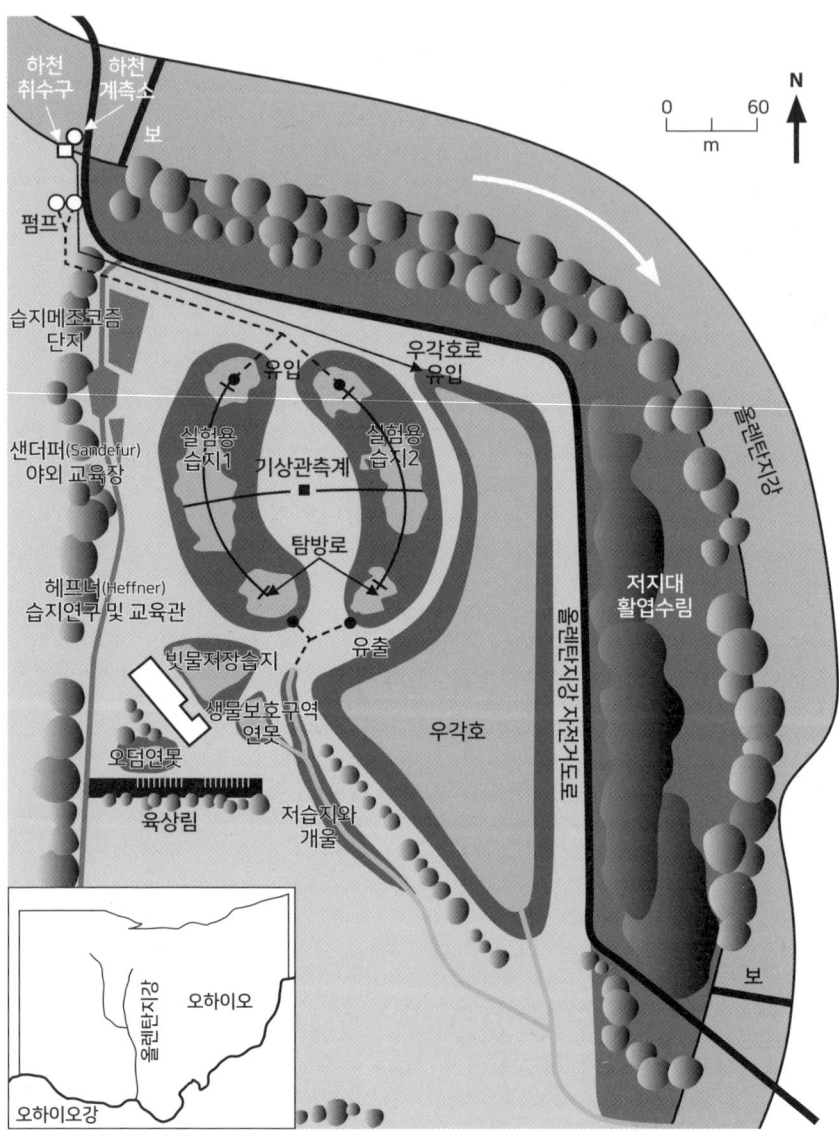

올렌탄지강 습지연구공원(Olentangy River Wetland Research Park, ORWRP) 지도. Mitsch et al.(2012)의 논문을 참고하여 그림.

물통을 메고, 센서를 양손에 들고 일일이 수작업으로 하던 일이었다. 콩팥습지, 즉 실험용 습지 1과 2 사이에(왼쪽 지도) 있는 기후관측계에 노트북을 연결해 여러 기상관련 데이터를 다운받는 일도 한 달에 최소 한 번은 해야 하는 모니터링의 일부였다.

지금 생각하면 당시의 이 지역 학생들은 참 순박했던 것 같다. 그리고 배움에 대한 열정으로 잘 뭉쳤다. 잠깐이지만, 금요일 밤 캠퍼스 앞 카페에서 몇 개의 버팔로윙과 맥주 한 잔을 허락했던 해피 아워(happy hour)는 한 주를 마감하는 우리들에게 가장 즐거운 시간이기도 했다. 혼자가 아닌 하나의 팀이라는 소속감이 있었다. 내가 교수가 된 이후에도 학생들을 위해 이런 커뮤니티에 대한 소속감을 만들어 보려고 부단히 노력했지만 쉽지 않았다. 조지메이슨대학교가 있는 워싱턴 디시(Washington D.C.) 권역인 북버지니아의 특성이거나 달라진 시대의 문화차이(이미 스마트폰과 소셜미디어로 개개인이 모두 더 철저히 분리된 지금의 세상) 때문이었는지 모른다. 시급을 훨씬 많이 주는 쇼핑몰의 리테일 숍에서 일하려고 한다. 시급이 1달러 밖에 차이 나지 않아도 캠퍼스 내의 연구나 수업 관련 일에, 오로지 경험을 쌓으려고 선뜻 나서는 학생이 많지 않은 지금의 현실이 아쉽다. 그러니 보다 많은 지원과 적절한 동기 부여를 통해 학생들이 캠퍼스에 남아 무언가 하고 싶은 환경을 만드는 게 중요하다는 생각이다. 이런 상황에 대해 교수로서 여러 해 느꼈던 안타까움은 훗날 '레인프로젝트(The Rain Project)'(11장)를 조직하고, 다양한 전공의 학부생들로 팀을 짜서 환경생태 프로젝트를 시작하는 동기가 되기도 했다.

매일 아침저녁으로 나가서 습지를 모니터링하는 일은 학생들에게
귀찮은 일이기도 했다. 그러나 아시안 아니랄까 봐 난 미치 교수의 연
구실에 도착하자마자 내가 하겠다며 손을 들고 나섰으며 학생들이 피
하는 주말에도 지원했다. 월요일 아침 7시에 올렌탄지강 콩팥습지센
터에 참여하는 모든 학생들과 스태프들이 모인 자리에서, 번쩍 손을
들고 누구든 선뜻 맡기를 꺼려하던 새벽 모니터링을 자처하자 미국
학생들이 좋아하며(혹은 비아냥거리며) 나를 쳐다보던 모습이 지금도 기
억난다. 그때만 해도 영어로 말 한마디 하려면 가슴부터 콩닥거리던
시절이었는데 어떻게 그런 용기가 솟았는지…. 수질 모니터링에 필요
한 장비들과 샘플들을 운반하려면 스테이트 비어클(state vehicle; 주 정
부에 등록된 학교에서 운영하는 트럭)을 몰아야 해서 미국에 온 지 한 달도
안 된 상황에서 미국 운전면허증을 급하게 땄던 기억도 새롭다.

✳ ✳ ✳

올렌탄지강 콩팥습지는 한국에도 소개된 적이 있다. 아마도 2008
년쯤으로 기억되는데, 한국이 환경올림픽이라 불리는 람사르총회를
경남 창원에서 개최한 일이 있었다. 이를 기념하여 「습지 재발견 -제
5편 미래자원, 습지를 복원하라」라는 다큐멘터리를 만들기 위해 KBS
팀이 미국에 왔다. 젊은 PD와 촬영감독, 현지 고용된 도우미, 그리고
내가 버지니아와 오하이오 촬영을 함께 다녔다. 버지니아에서는 나
와 인연이 있던 습지조성회사의 프로젝트 및 인터뷰 취재, 그리고 오
하이오에서는 콩팥습지의 배경과 이야기를 함께 담았던 것 같다. 미

국에 있어 한국에서 방영된 방송을 보지는 못했으나, 나중에 복사된 DVD를 받아서 봤다.

올렌탄지강 습지공원은 두 개의 콩팥 모양으로 디자인되었으며 각각 1헥타르, 즉 콩팥습지 하나가 3,000평 정도의 습지를 이루고 있다(24쪽 지도 참조). 그러나 콩팥습지 외에도 이곳에는 습지백화점이라고 할 만큼 다양한 종류의 습지들이 모여 있다. 두 개의 콩팥습지를 통과하고 깨끗해진 물을 올렌탄지강으로 서서히 되돌려 보내는 저습지와 강 수위가 높아질 때만 자연스레 물이 드는 빌라봉(Billabong)이라 이름 붙여진 경감습지(mitigation wetland)가 대표적이다. 그 외에도 100년 가까이 있었던 제방 네 군데에 구멍을 내는 수술을 하고 강 수위가 높아질 때 자연스레 강물이 흘러 들어오게 해 복원이 시작되었던 저지대활엽수림(bottomland hardwood forest)과 연구빌딩의 지붕에서 모인 빗물로 유지되는 생물다양성습지도 언급할 만하다.

* * *

습지수업의 일환으로 콩팥습지를 방문한 학생들이 한 명씩 줄지어 좁은 탐방로 위를 걷는다. 투어를 맡은 나는 먼저 20여 명의 학생들을 데리고 강물이 펌프를 통해 유입되는 쪽으로 간다. 수문에 대한 설명을 마치고 뒤돌아 마지막 학생부터 거꾸로 다시 콩팥습지의 허리부분인 중간쯤으로 걸어 나가도록 안내하는데 한 학생이 뒤로 돌다가 뒤뚱거리더니 "억" 하는 짧은 비명과 함께 습지에 빠지고 만다.

물 수위가 30~40cm 정도니 위험하진 않지만 학생은 진흙범벅이 되었다. 다들 한바탕 신나게 웃고 재잘거린다. 나도 간신히 웃음을 참은 채, 심각한 얼굴로 "Are you OK(너 괜찮니)?"라며 손을 뻗어 습지에 빠진 학생을 탐방로 위로 끌어 올려 준다. 습지의 뒤쪽, 물이 습지를 관통하며 정화된 후 서서히 빠져나가는 곳으로 이동해 유량 관측을 위해 설치된 V자 형태의 둑(V-notch weir)과 식생들을 관찰하는데 학생 한 명이 소리친다.

"저기 좀 봐!" 습지 뒤 숲속에 숨어 있던 큰왜가리(Blue Heron)가 그 우아한 날개를 펼치고 우리들의 발 소리에 힘차게 날아오른다. 모두들 잠시 정지 씬이다. "와우~" 여기저기서 작은 함성이 들린다. 펌프를 통해 유입된 강물로 유지되며 오로지 연구를 위한 습지이지만, 생태계로서 이 콩팥습지의 발달과정을 지켜보는 것만으로도 나는 5년 동안 습지생태학의 많은 것을 체험할 수 있었다.

＊ ＊ ＊

습지라고 하면 사람들은 흔히 동물과 식물을 떠올린다. 그 중에서도 새는 습지와 불가분의 관계로 생각한다. 습지의 다양한 생물상은 종종 습지가 종다양성의 보고로 불리는 이유기도 하다. 그럼에도 습지를 공부 혹은 연구하는 데 있어 가장 중요한 것은 수문에 대한 이해다. 습지생태학 교과서에서도 첫 장이 'Wetland Hydrology(습지수문학)'인 데는 다 이유가 있다. 안타깝게도 현재 생물학이나 생태학 프로그램에서 수리수문학을 가르치는 경우는 많지 않다. 공대 토목공학 혹은 농공학 쪽에서 선택으로 들어야 하는 과목일 경우가 많다. 나도 박사과정 중에 수문에 대한 이해를 넓혀야 해서 공대에서 개설한 과목을 두세 개 들었던 기억이 있다.

다음으로는 물을 머금은 '습지토양'과 그에 기반한 다양한 '생지화학'이 습지환경을 이해하는 데 중요하다. 화학이나 미생물학 쪽에 더 많은 배경 혹은 관심을 가진 학생이라면 습지생지화학이 연구 분야로 꽤 흥미로울 것이다. 육상과 수계의 특징을 거의 모두 가진 습지는 생지화학적으로 핫스팟(biogeochemical hotspot)이기 때문이다. 잘 알려진 대로 습지는 전 지구의 땅 면적 대비 대략 6% 정도를 차지하지만 25%가 넘는 토양탄소의 저장고이기도 하다. 기후변화와 탄소수지를 논하는 데 있어 습지를 빼고는 이야기할 수 없는 이유다.

습지는 물이 들지만 여전히 '땅'이라는 특징으로 법과 정책, 조성 및 복원과 관리 측면에서 다양하고도 민감한 주제를 다룰 수밖에 없는 생태계이며, 인류 역사와 함께해 온 엄청난 문화의 보고이며 매력적인 생태계이다. 나와 함께 연구사업을 하던 북버지니아의 한 습지복원 회사는 '고고학실험실(archaeology lab)'을 따로 마련하고 전문습지조사팀을 운용하기도 했다. 습지현장조사를 나가면 가끔씩 '유물'이 발견되기도 한다. 이건 혐기성 상태인 습지의 환경으로 인해 유기물질들(예를 들어 나무, 가죽, 의류 및 식물 혹은 식량 잔해들)이 분해되지 않고 보존되기 때문이다. 습지학은 정말이지 자연과학, 사회과학, 공학, 경제학, 법과 공공정책, 인문학, 예술까지 다양한 학문 분야에서의 접근이 가능하고 또 발전을 위해 그런 접근이 필요한 분야다. 운 좋게도 지금까지 내가 다양한 전공의 학생들을 지도할 수 있었던 것도 이러한 다학문적 배경과 성향 때문이었는지 모른다. 우리가 당면한 21세기의 여러 문제들은 그 복잡성으로 인해 해결책 마련은커녕 문제를 제대로 이해하거나 심지어 이해의 틀을 짜는 데도 다양한 분야의 지식과 사람들 사이의 소통을 절실히 필요로 한다.

* * *

"제발 좀 일어서지 마!" 미치 교수가 나가자 마자 에마가 텐밍에게 소리친다. 내가 합류할 때쯤 텐밍은 미치 교수 지도로 박사를 마치고 포닥으로 일하고 있던 칭다오시 출신의 영리한 중국 학생이었다. 습지에서 인(phosphorus)의 제거 기작을 다양한 공간 규모에서 연구한 논문으로 박사학위를 막 끝내고, 미치 교수 연구실에 계속 남아 포닥을 하고 있었다. 프랑스에서 온 에마는 내가 박사과정에 들어온 지 1년 뒤 미치의 습지연구팀에 합류한 재원이다. 그녀는 프랑스에서 가장 유명한 습지학자인 장 클로드 르푀브르(Jean-Claude Lefeuvre)의 지도 아래 몽생미셸(Mont Saint-Michel)만 해안 습지의 식물생산성과 탄소순환 연구로 박사를 마치고 미치 교수 밑에서 포닥을 하기 위해 미국까지 온 것이었다.

대학원생들이 공용으로 쓰는 연구실은 바로 미치 교수 사무실 옆이라 미치 교수가 있는 날이면 모두 조금은 긴장하고 있었다. 그런데 미치 교수가 무슨 지시나 의논을 하려고 나타나면 텐밍이 벌떡 벌떡 일어나니, 같은 포닥으로서 에마는 제발 좀 일어나지 말라며 핀잔을 주고 있었다. 얼굴에 감정을 드러내는 일이 거의 없이 묵묵히 일만 하던 텐밍은 별 반응을 보이지 않았다. 이 둘 모두 내겐 좋은 친구들이었는데 그들의 문화적 차이와 배경을 드러내던 이 날의 모습들도 지금은 아련한 추억의 한 장면이다. 우리 셋은 꽤 오랫동안 친했다. 미치 교수의 모친이 돌아가셨을 때도 웨스트버지니아의 깡시골인 윌링(Wheeling)까지 차를 몰고 가서 장례식에 참석했는데 미국학생은 한 명도 없이 단지 우리 셋뿐이었다.

"나도 함께 갈게." 장례식에 참석하고 돌아오던 해가 뉘엿뉘엿 저물어 가는 일요일 늦은 오후, 콩팥습지 모니터링은 내 차례였다. 혼자 모니터링을 나서는 나를 보고 에마가 선뜻 함께 가주겠다고 한 것이다. 그녀는 이곳에 온 첫날부터 같은 외국인이라는 이유로 나와 금방 친해졌고 서로 잘 통하는 좋은 친구가 되었다. 내 생애 처음으로 생일날 서프라이즈 파티를 기획해 나를 놀라게 해준 것도 그녀였다. 그때 생일선물로 받았던 책상용 철제램프는 클래식하고 잘 만들어진 것이라 지금도 내 책상에 자리하고 있다. 이런 물건 하나 고르는 것만 봐도 남다른 안목을 가진 그녀를 좋아하지 않는 사람은 별로 없었다. 그녀가 프랑스에 다녀오면서 가져오는 코를 찌르는 듯 독한 냄새를 풍기는 치즈에는 미국애들도 치를 떨었지만, 그녀는 내가 선물로 준 김(seaweed)을 가장 좋아하는 친구였다. 현재 미국의 내 학생들은 한류의 영향으로 다들 고추장을 먹고 김도 먹는다. 뿐만 아니라 다국적 문화로 일본식 찹쌀떡 모찌와 발효차인 콤부차를 마시는 게 유행을 넘어 일상이 되어버린 요즘이다. 그러나 1990년대 중후반에 'seaweed'라며 김을 권하면 미국 학생들 중 먹어보겠다고 호기심이라도 보이는 학생들은 열 명 중 한두 명도 안 되던 시절이었다. 포닥 후 교수가 되어 몇 년간 고군분투했던 그녀는 멋지게, 또 약간은 부럽게도, 과감히 학계를 떠나, 지금은 가업을 이어받아 파리 근교에서 다양한 채소와 식용 꽃 등을 재배하며 농사를 짓고 있다.

그녀와 나는 서둘러 콩팥습지의 모니터링을 시작했다. 긴 튜브 모양의 다중매개변수 수질측정기를 이용해 물속의 기본 물리화학인자들을 측정하고 기록했다. 주말에는 물도 직접 샘플링해서 전처리를 한 후 다양한 형태의 질소와 인을 분석하기 위해 실험실 냉장고에 보관해야 한다. 유입수, 습지 중간을 지나는 물, 그리고 습지를 관통하고 빠져나가는 물, 이렇게 세 곳에서 샘플링을 해서 습지의 수질정화능을 일년 내내 관찰하는 것이다. 그렇게 배낭 하나 가득 습지수 샘플병들을 무겁게 짊어지고, 양 손에는 센서와 장비들을 들고, 지는 해를 바라보면서 총총히 습지를 빠져나왔다. "사진 찍자, 창우!" 에마가 갑자기 배낭에 있던 사진기를 꺼내 들었다. 모니터링을 마치고 나오면서 사라져 가는 해를 등지고, 함께 나란히 서서 우리의 그림자를 찍었다. 그렇게 완성된 사진은 지금도 내 사무실 책장 속 작은 액자에 담겨, 어찌 보면 가장 아름다웠던 시절의 한 순간을 떠올리게 한다.

* * *

콩팥습지는 1993년에 농지였던 대학 소유의 땅에 허가를 받아 만들어졌다. 땅밑에는 두 개의 파이프를 묻고 펌프장을 세워 강물을 끌어들일 수 있게 설계되었는데, 1년에 한 번 정도 파이프 혹은 파이프 운행에 문제가 생기면 차선책으로 두번째 파이프를 쓸 수 있었다. 따라서 365일 쉬지 않고 일정량의 강물이 유입되고, 유입되는 양은 펌프장 일지에 기록된다. 주로 쓰는 첫번째 파이프는 입구가 넓어 웬만한 큰 물고기도 물과 함께 유입이 가능해, 조성된 습지생태계의 발달 단계에서 물고기의 존재 여부가 습지시스템 내의 다른 인자들에, 또한 전반적인 습지생태계 발달에 미치는 영향을 생태모델링을 통해 연구했던 일도 있었다. 그 연구를 주도했던 석사과정 대학원생 캐디도 내가 박사과정을 시작할 때쯤 만난 미치 교수 연구실의 일원이었다.

미치 교수의 습지연구실 신입멤버였던 제니퍼는, 내가 박사논문을 거의 끝낼 때쯤 석사과정을 시작했다. 연구주제가 무척 흥미로워 나도 도와서 조사를 했지만 개인사정으로 학위과정을 끝내지는 못했다. 그녀의 연구는 식물군집의 발달과 사향쥐(Muskrat) 개체군의 변화 연관성을 조사하는 것이었다. 우리는 콩팥습지를 걸어다니며 사향쥐들이 만들어 놓은 집(hut)의 면적을 측정한 후, 습지식물의 양을 산정했다. 매년 여름의 끝 즈음, 식물생장의 최정점에는 항공사진을 찍어 콩팥습지 전체의 식물군집밀도를 기록했다. 지금이라면 드론을 띄우겠지만 그때는 경비행기로 항공사진을 촬영했다. 또한 '지상 실측(ground truthing)'이라고 해서 직접 콩팥습지 안으로 들어가 식물군집 조사와 소규모로 식물을 수확하여 1차식물생산성을 측정 및 추정하곤 했다. 땀이 온몸에 비 오듯 흐르는 더운 여름날, 방수가 되는 가슴장화를 신고 질퍽한 습지를 걸어다니다 보면 정신이 몽롱해지곤 했다. 그러다보니 탈수되지 않으려고 물통을 항상 몸에 달고 다녔다. 우리들은 수확한 식물들을 종류별로 담아 둘러메고 다시 탐방로로 올라와 두 콩팥습지 사이에 있는 풀숲에 던져 놓고 다음 장소로 이동하곤 했다. 마치 수확기의 농부와 비슷한 모습을 떠올리면 될 듯하다.

* * *

식물군집의 발달로 1차생산성(primary production)이 급증했고 이는 예상 가능하게도 2차생산성(secondary production) 증가를 유도해 사향쥐 개체군의 눈에 띄는 증가를 초래했다. 사향쥐는 어쩌다 곤충, 개구리, 아주 작은 물고기를 먹는 경우가 있긴 하지만 대체로 초식(herbivory)동물이다. 그래서 그 초식행위가 식물군집의 동태와 연관되지 않을 수 없다. 습지식물 생장이 최절정에 이르던 1998~1999년쯤에는 사향쥐 개체수가 평소 관찰되던 10~20마리에서 10배가 넘는 수가 관찰되기도 했다. 낮에 사람이 다닐 때는 거의 볼 수 없는데, 새벽이나 해가 막 떨어질 때쯤 혼자 모니터링을 나가면 가끔 볼 수 있었다. 나도 사향쥐는 미국에 와서 처음 봤는데, 처음엔 잘 몰라 비버

필자가 학생들과 헌틀리메도우(Huntley Meadow) 비버습지에서 생태조사를 하고 있는 모습이다. 학생 한 명이 식물조사를 위한 방형구를 들고 이동하고 있다.

(beaver)인가 착각할 정도로 놀랐던 설치류다.

사향쥐들은 앞서 언급한 대로 습지식물을 먹고, 식물을 이용해 집을 짓기도 하는 등의 활동을 통해 식물량의 대부분을 소비했다. 그러고 나니 2001년쯤 두 개의 콩팥습지에서 식물군락의 90% 이상이 초식으로 사라지고, 처음 실험을 시작할 때처럼(1993~1994년), 콩팥의 주변부에 일부 남은 식생을 제외하고는 개방수면(open water)이 되어버렸다. 마치 생태계가 리셋된 것처럼….

습지생태계의 발달에 있어 천이 이론을 적용하며 습지를 호소가 산림으로 가는 과정 중의 일부라고 하는 의견이 과거에 있었지만 지금은 받아들여지지 않는다. 습지는 습지 내의 모든 식생들이 다양하게 변하는 환경인자들 특히, 수문의 변화에 적응하여 몇백 년이 흘러도 특정 습지식물군을 유지하며, 육상화되지 않고 습지로 남아 있는 경우가 많기 때문이다.

두 개의 콩팥습지에는 차이가 하나 있다. 생태계의 자기 조직화(self-organization)를 테스트하기 위해 습지조성 단계에서 콩팥습지1에는 자생 습지식물 13종 2,400개체를 식재하였으나 콩팥습지2에는 식물을 식재하지 않았다. 주목할 것은 처음 식재를 한 콩팥습지1은 여러 해가 지난 후에도 식물 다양성을 어느 정도 유지하면서 침입종에 꽤 저항하고 있는 듯한 양상을 보였다. 반면, 식재를 하지 않은 콩팥습지2는 침입종인 부들이 90% 이상 뒤덮으면서 전반적인 식물 생산량은 콩팥습지1과 비슷하거나 조금 높음에도 불구하고 다양성은 현저히 떨어지는 모습을 보였다. 습지조성 시 식재가 해당 습지의 식물다양성에 미칠 수 있는 효과를 시사하는 결과였다. 이것은 일정한 시간범위 내의 제한된 관찰에 기반한 것이므로 결론적일 수는 없었다. 그리고 내 개인적인 의견으로는 두 콩팥습지 사이의 거리를 생각하면 콩팥습지2가 완벽한 대조군이라고 보기는 어려웠다. 사실 많은 생태연구는 관찰연구가 아닌 이상, 실험연구를 이만한 규모로 하려면 상당한 땅과 장비, 자금, 에너지, 노동이 따르기 마련이다. 그러므로 통계적인 신뢰성을 위해 반복수를 늘리는 일들은 이런 연구에서 현실적으로 가능하지 않은 경우가 대부분이다. 그럼에도 불구하고, 콩팥습지의 장기 모니터링은 향후 습지복원 및 조성에 필요한 중요한 시사점들을 여럿 남겼다.

* * *

미치 교수와 수많은 학생들이 참여한 이 장기습지생태연구의 초반부의 연구 결과는 『BioScience(생명과학)』 저널에 논문으로 출판되어 많은 관심을 받았다. 그런데 출판 후 결론에 대한 비평이 있었다. 논문의 결론부분에 습지조성 시 '어머니 자연(Mother Nature)의 셀프 디자인(self-design)' 능력에 대한 생태공학적 언급이 있었는데, 리뷰어들은 "그럼 식재가 필요 없다는 것인가?"라며 반박의견을 제시한 것이다. "To be, or not to be(사느냐, 죽느냐)"라고 고뇌에 휩싸여 외친 햄릿의 독백을 패러디하여, 비평은 "To plant or not to plant(식재하느냐, 마느냐)"란 제목을 달고 같은 저널인 『BioScience』에 실렸다. 저자는 미국 공병단(The U.S. Army Corps of Engineer)의 습지전문가였던 빌 스트리버(Bill Streever)와 습지생태학 석학으로 지금은 은퇴했지만 나의 배움에도 많은 영향을 주었던 위스콘신대학교의 조이 제들러(Joy Zedler) 박사였다. 초기 식재가 장기적으로 습지의 식생군집 구성에 미치는 영향에 대해 첨부의견을 제시한 것이었다. 미치 교수는 논문의 주저자로서 그들의 의견에 대응하여 상대방의 의견을 최대한 존중하면서 다음과 같은 응답 및 부연설명을 제시했다.

"이 장기조성습지 실험은 생태공학의 한 예로, 자연의 자발적 디자인 능력을 좀 더 믿고 그 프로세스들을 관찰하면서 조력자로서 인간의 역할이 어떠해야 하는지 찾고자 하는 측면이 있다. 생태공학은 생태계의 구조와 기능, 또한 그 과정들에 대한 이해 없는 인간의 목적을 위한 디자인과 통제를 추천하지 않는다."

현실적으로 식재에 드는 비용은 습지조성의 총 비용에서 그다지 큰 부분은 아니다. 특히 습지를 열린계(open system)로 디자인해서 주위에 다양한 습지식물의 종자들이 여러 경로를 통해 유입될 수 있다면 식재가 굳이 필요하지 않은 경우도 있을 것이다. 식물의 씨앗은 물이나 바람을 타고 습지로 유입될 수도 있다. 이러한 유입은 또한 새와 동물의 이동 및 배설에 의해서도 달라지기 때문에 여러 경로를 겨냥한 열린계로 습지를 조성 및 복원할 수 있다면 긍정적일 수 있다.

그렇게 논문과 관련된 에피소드는 일단락을 지었다. 그 일련의 모든 과정을 옆에서 지켜보고 과학자로서의 입장과 대응 방식도 하나씩 배워가며 나도 모르는 사이에 습지생태학자가 되어가고 있었다.

2장

안녕, 닥터 안
(Hi, Dr. Ahn)!

해가 쨍한 날이다. 난 슈퍼맨인가 보다. 아무리 추워도 햇빛만 받으면 힘이 난다. 강의실로 가는 발걸음도 오늘은 한결 더 가볍다. 학생들을 대면으로 만날 수 있는 시간은 코로나19 이후 더 소중하고, 교수로서 가장 행복한 시간이다. 몇몇 학생들이 "안녕, 닥터 안(Hi, Dr. Ahn)!"을 외치며 손을 흔들고 몇몇은 다가와 나를 껴안으며 반가움을 표시한다.

부푼 마음으로 15분쯤 미리 강의실에 도착해 수업자료를 준비하고 있으니 학생들이 하나둘씩 들어온다. 두어 명이 인사를 건네기도 하지만 첫 수업이라 그런지 아직은 다들 어색해한다. 눈길이 교차하면서 각각의 모습과 강의실 어느 곳에 자리를 잡는지(앞쪽? 아니면 최대한 숨으려는 듯 뒤쪽 구석에?) 한 명씩 빠르고 은밀하게 스캔 중이다. 수업은 'Ecological Sustainability(생태지속가능성)'이고 학부생 3~4학년을 대상으로 하는데 조지메이슨대학교의 핵심 과목(Mason Core) 중 하나로 지정되어 있는 수업이다. 주로 환경학과와 생물학과 학생들이 수강생의 대부분이긴 하지만 가끔 공대, 인문대, 예체능계 학생들도 수강생이 되곤 한다.

＊ ＊ ＊

"Energy is Eternal Delight(에너지가 주는 영원한 기쁨)"

미국의 생태시인이자 환경활동가인 게리 스나이더(Gary Snyder)의 풜리처상 수상작이며 환경에 대한 명상집이기도 한 『Turtle Island(거북섬)』에 나오는 글귀다. 원래 이 글은 1972년 그가 『뉴욕타임스』에 실었던 글의 제목이기도 하다. 여기서 스나이더는 영국의 시인 윌리엄 블레이크(William Blake)가 한 말인 "Energy is Eternal Delight"를 인용하였다. 나의 생태지속가능성 수업은 이 문장으로 시작된다. 화석연료에 기반한 현대문명에 대한 자아비판과 성찰이 담겼으며 인간 외의 모든 생명과의 끊을 수 없는 연결을 의미하는 짧은 글로 주의를 환기시킨다. 수업의 첫 시작이 생태시인이자 심층생태(deep ecology) 전도사의 문학작품이라는 것에 대부분 자연과학 전공인 학생들은 솔깃해한다. 그리고 나면 스나이더의 사고에 영향을 미쳤던 위대한 현대 생태학자 유진 오덤(Eugene P. Odum)을 소개한다. 1969년 『사이언스(Science)』 저널에 발표한 그의 논문 「생태계 발전 전략(The Strategy of Ecosystem Development)」에 대한 소개와 강의가 이어진다. 이 논문은 유진 오덤이 1977년 『사이언스』에 발표한 또 다른 논문인 「새로운 통합 학문으로서 생태학의 출현(The Emergence of Ecology as a New Integrative Discipline)」과 함께 현대 생태학의 근본적 사유와 다학문적 특성을 잘 설명한 고전논문 중 하나이다. 21세기인 지금도 여전히 그 내용이 시사하는 바가 많아 학생들의 필수 독서목록에 포함시켰다. 「생태계 발전 전략」에서는 생태계의 구조와 기능을 나타내는 수많은 속성들을 발전단계에 있는 젊은(young) 생태계와 성숙한(mature) 생태계로 구분하여 비교하고 있다. 이런 직접적 비유는 조심스럽지만 얼핏 보면 그 모습이 청년과 노인의 모습을 닮아 있어 생태계 발전·천이가 가지는 특성을 이해하는 데 도움이 되는 훌륭한 논문이다. 게리 스나이더도 언급했지만 유진 오덤은 이 논문에서 미국 사회는 청년 생태계의 특징을 보이며, 아메리카 원주민 사회는 성숙한 생태계의 속성들과 닮아 있다고 지적했다. 특히 후자의 특징으로 생산보다는 보호, 성장보다는 안정, 그리고 양보다는 질을 강조한다는 것이다.

유진 오덤은 조지아대학교(University of Georgia)에 생태학연구소(현재는 Odum School of Ecology)를 세우고 많은 연구를 했다. 그는 내가 2019년 한국방문 중 감상했던 백남준아트센터의 전시제목이기도 한 「생태 감각」을 몸소 실천하며 살았던 사람이다. 지금도 애선스(Athens; 조지아대학교가 있는 도시)에 가면 택시기사도 오덤 박사가 누군지 안다고 들었다. 그만큼 그는 자신의 생태학 연구와 과학 커뮤니케이션을 일찍이 실천하며 대중들의 생태학적 문해력(ecological literacy)을 높이는 데 크게 기여했다.

오덤의 논문을 읽고 학생들이 작성한 요약과 질문들을 서로 토론하고, 내가 함께 참여해 토론된 내용들을 리뷰하고 다시 정리한다. 그렇게 수업이 끝나면 금요일에 있을 야외수업을 위해 방문하고자 하는 습지공원의 사진과 주소를 영상으로 올리고 간단히 공지한다. 제발 카풀(car pool)하라고 잔소리하지만, 아직은 학기 초반이라 서로 어색해하는 모습이 역력하다. 그래서 서너 명씩 그룹을 만들어 조를 짰다. 그리고 서로 인사하고 친해지는 시간을 조금 주면 학생들은 금방 웃고 떠들며 서로에게 다가간다.

"마지막 성적에서 토론이 몇 퍼센트인가요?"

"데드라인에 못 맞추면 아예 과제물을 안 받는 건가요? 감점이 있나요?"

첫날부터 열정적인 학생 몇몇은 성적에 온 관심이 쏠려 있다.

웃으면서 한 명씩 눈을 맞추어 본다. 나를 바라보며 집중해 주는 그 다양한 눈들이 참 고마운 학기 첫날의 수업이다. 그러나 이 눈빛들이 너무도 두려웠던 미국에서 교수로서의 첫 수업날을 잊지 못한다.

2003년 가을학기 8월 말의 '습지생태학' 대학원 수업이었다. 젊은 아시안계 교수가 습지생태학을 가르친다고 하니 호기심 때문인지 20여 명 정도의 대학원생들로 정원이 꽉 찬 수업이었다. 아! 첫 수업… 돌아보면 정말 눈물 콧물 쏙 뺀 힘든 첫 학기였다. 교수가 되는 일은 누구도 가르쳐 주지 않은 길을 혼자 가야 하는 것이다. 최소한 미국에서 난 그렇게 시작했다. 어쨌든 학생들과 편안해진 현재는 교수로 지낸 20년이라는 세월이 내게 준 선물이다. 그날은 교수로서 나의 첫 수업이었지만, H-1B 비자(미국에서 일을 할 수 있는 비자)의 시작 날짜가 며칠 뒤인 9월 1일로 되어 있어 같은 학과의 노교수 한 분이 나를 초청연사로 소개하는 형식을 취해야 했다. 수강생들 중에는 워싱턴 디시의 다양한 정부기관들 – 환경청, 농무부, 지질조사국, 에너지부(US EPA, USDA, USGS, DOE) 등등– 및 지역 공공기관에 근무하며 자신의 직업에서 경력을 쌓은 학생들이 꽤 있었다. '어떻게 하나 좀 지켜보자'라는 분위기가 느껴졌지만 위축되지 않으려고 무던히 애를 썼다. 무조건 열심히 최선을 다하자는 마음이었지만, 막 시작하는 신입교수에게 떠넘겨진 저녁수업이라, 7시 조금 넘어 시작한 수업이 밤 10시 30분 정도에 끝났다. 질문을 받고 몇몇 학생들과 미팅도 하고 나면 밤 11시쯤 되어야 캠퍼스를 떠날 수 있는 날이 대부분이었다. 그렇게 늦은 시간까지 두뇌활동을 활발히 해서인지 첫 학기 수업이 있는 날은 집에 돌아오면 몸은 녹초가 되었어도 새벽 늦게까지 잠을 이루지 못했다.

* * *

"닥터 안(Dr. Ahn)!"

야외 주차창에 학생들이 하나둘씩 나타난다. 난 늘 학생들보다 조금 먼저 현장에 도착해 기다린다. 이곳은 워싱턴 디시 근교, 알렉산드리아(Alexandria)란 도시의 남쪽에 위치한 헌틀리메도우 공원(Huntley Meadows Park)이다. 페어팩스 공원국에서 관리하는 곳인데 습지생태학을 가르치면서 가장 많이 학생들과 방문한 공원이다. 또한 조지메이슨에 부임해서 시작한 나의 첫 연구에도 이용한 장소라 내겐 더욱 각별하다.

"장화 신을까요?"

"날씨가 좋고 거의 탐방로 위로만 다닐 거라 필요 없을 것 같은데. 잠시 습지 옆 숲길을 걸어야 하긴 해. 물이 좀 있는 부분도 있으니 니 맘대로 하렴."

결정은 스스로 하게 한다.

"습지에 왔으니 발이 좀 젖는 것은 당연한 일 아니니?"라며 가벼운 농담도 잊지 않는다. 꼭 약속시간보다 늦는 두어 명의 학생들도 멀리서 보이기 시작한다. 학생들 출석을 확인하곤, "오케이, 그럼 공원 입구로 출발! 참, 오면서 크리스피크림 도넛 한 박스 사왔으니 먹고 싶은 사람은 나눠먹도록 하고!"

보나마나 아침을 먹지 않고 부랴부랴 수업에 왔을 몇명 학생들이 두 손을 번쩍 들면서 도넛박스로 달려든다. 제일 먼저 박스를 연, 언제나 다정하게 인사하는 케이티가 내게 하나를 건넨다.

"고마워, 케이티. 난 괜찮아."

가게에서 학생들을 위해 한 박스 사면서 난 진한 블랙커피와 함께 거부할 수 없는 도넛을 이미 두 개나 먹은 상태였다.

사실 요즘 20대들에게 도넛은 칼로리는 둘째치고라도 글루텐 프리(gluten free)니 뭐니 해서 인기 있는 음식이 아닌 걸 잘 알지만(몇몇은 도넛이란 단어에 아예 혐오의 표정을 보이기도 한다), 이 공원에 오다 보면 북버지니아 통틀어 아직도 문닫지 않고 하나 딱! 버티고 있는 크리스피크림 도넛가게를 그냥 지나칠 수가 없다. 통유리 뒤로 도넛이 만들어지는 컨베이어 벨트 위의 공정도 볼 수 있는 유일한, 나에겐 추억이 깊은 곳이다. 교수로서 나의 첫 습지생태학 수업을 많이 도와줬던 리사가 소개해 준 곳이기 때문이다. 2003년부터 최소 1년에 한 번은 공원 가는 길에 이곳에 들러, 친구 리사와 커피와 글레이즈드 도넛을 함께 먹으며 삶에서 벌어지는 오만가지 일들을 수다로 풀며 우정을 쌓아갔던 곳이다. 몇 년 전 한국 방문 중에 크리스피크림이 엄청나게 잘 나가는 걸 보고 깜짝 놀란 기억이 있다. 미국에서는 아주 오래전부터 인기하락으로 수많은 다른 도넛가게들에 밀렸기 때문이다. 내가 미국에 산 그 기간 동안에 그로서리마켓에서조차 자취를 감추더니만 어떤 이유에서인지 최근에 다시 볼 수 있는 아이템이기도 하다.

＊ ＊ ＊

헌틀리메도우 공원은 워싱턴 디시 근방에서 찾을 수 있는 가장 아름다운 숲과 흥미로운 습지생태환경을 가진 공원이다. 워싱턴 디시에 올 일이 있으면 꼭 시간을 내서 이 공원을 방문해 보라고 추천하고 싶다. 공원 한가운데 마쉬(marsh; 초본식생으로 이루어진 호수 형태의 습지)가 있다. 사실 버지니아주 전체에 자연호수가 거의 없다. 빙하의 영향을 받은 적이 없는 버지니아는 내게 친근했던 중서부의 주들과는 지질학적으로 많이 다르다. 가끔 운전하다 큰 호수를 보면 영락없이

man-made, 인공호수다. 그러다 보니 호수연안에 생기는 자연적인 습지들, 특히 '마쉬(marsh)'라고 하는 습지의 한 형태가 버지니아에는 거의 존재하지 않는다. 박사과정 내내 공부한 내 전문 분야 습지는 마쉬다. 그런데 버지니아주에 와보니 대부분 습지들은 담수산림습지(palustrine forested wetlands)여서 나무로 뒤덮인 곳이었고, 수문의 패턴도 지표수보다는 지하수 쪽에 의존도가 높은 습지들이 대부분이었다. 더더욱 포닥 때 일리노이에서 연구한 경험이 좀 있던 범람원습지도 주로 메릴랜드 쪽에 분포하고 있어 수업과 연구대상지로서의 습지를 찾는 것이 쉽지만은 않았다. 빨리 연구를 시작하고 실험실을 일궈내야 한다는 조급한 마음이 가득했던, 교수로서의 첫 학기였으므로 주말이면 주변의 추천을 받아 여러 대상지를 다녀보곤 했다. 그러던 중 찾은 것이 이 공원 한가운데 있는 비버의 활동으로 형성된 습지였다.

"원래 버지니아엔 마쉬형 자연습지가 거의 없다고 봐도 무방해. 미시간, 미네소타, 위스콘신주 등에는 마쉬형 습지가 빙하의 이동에 의해 만들어진 호수 주변에 많이 형성되어 있어. 그런 주들과 다르게 버지니아주는 빙하의 영향을 받은 적이 없어. 그래서 자연호수가 없고 마쉬형 습지도 찾아보기 힘들지."

나의 설명을 듣던 카를로스가 손을 번쩍 들며 말했다.

"닥터 안, 우리 동네 주변에 호소처럼 생긴 큰 습지를 봤는데요, 그건 마쉬 아닌가요?"

"너 혹시 버크호수(Burk Lake) 말하는 거니?"

"네, 그거요!"

"그건, 댐 건설하면서 사람이 만든 인공저수지야. 근방에서 호수를 보면, 다 인공저수지라고 생각해도 무방해. 오늘 너희들이 보게 될 습지는, 몇 발자국 더 가면 나올 텐데, 비버(beaver)가 건설한 마쉬 형태의 습지인 셈이지."

이번 학기에 수강하는 대부분의 학생들이 주로 북버지니아 지역에서 나고 자라거나, 가족이 이민 와서 어릴 때부터 이 지역에서 산 학생들이 대부분인데도, 다들 이 공원에 처음 와본다면서 신기해한다. 다양한 학생들을 오랜 시간 만나고 지도하다 보면 그들의 생활반경이 보이고, 어떤 환경 속에서 어떤 경험들을 가지고 자랐는지, 또 그것이 그들의 문화적, 경제적 배경과는 어떤 연관이 있는지, 더 나아가 녹색공간의 접근과 이용에 있어서의 공정성과는 또 어떤 연계가 있는지 등등, 여러 가지 사안들에 생각이 미치게 된다. 미국에서 습지 생태학이란 분야 자체가 아직도 백인들이 지배적인 영역인 만큼 나는 다양한 학생들의 교육을 담당하고 있는 입장에서, 생태학 분야에 더 다양한 문화적 배경을 가진 학생들이 재미를 찾고 관심을 가져 줬으면, 또 전공을 했으면 하는 마음이 들 때가 있다. 작지만 그렇게 분야마다 노력하다 보면 다가올 성숙한 사회에선 어떤 특정직업군에 어떤 특정집단만이 존재하는 그런 모습은 점차 사라질 것이다.

양옆으로 늘어선 엄청나게 키가 큰 나무들의 환영인사를 받으며 고즈넉한 숲길을 통과하고 나면 헤론 트레일(Heron trail)이란 푯말이 나타난다. 곧 탐방로가 눈앞에 펼쳐지면서 비버습지가 그 모습을 드러낸다. 학생들은 스마트폰을 꺼내 사진부터 찍기 시작한다.

"비버(beaver)에요, 닥터 안!"
학생 테드가 소리친다. 다들 일제히 바라보니 이미 꼬리만 보이며 휘리릭 물속으로 헤엄쳐 사라진 뒤였다.
"아, 저건 비버가 아니고 사향쥐(muskrat)이라고 하는 초식동물이야. 담수습지에서 일반적으로 볼 수 있지."
"아~", 테드가 실망한 듯 한숨을 쉰다.
"일단 꼬리가 달라. 사향쥐는 길고 얇은 꼬리이고, 비버는, 알겠지만, 배를 젓는 패들 모양의 넙적한 꼬리잖니. 보면 금방 구분할 수 있어. 그리고 보통 비버는 더 크지. 물론 아기 비버면 모르겠지만…."
나의 설명에 눈을 반짝이며 재미있어하는 눈치다. 야외수업(field trip)은 관찰기록에 참고문헌 등을 한데 묶어서 수업 후 보고서를 제출해야 한다. 최근엔 사진이나 그림, 그리고 20초 내의 동영상도 가능하다 했더니 다들 사진기를 들고 찍고 녹화하느라 정신이 없다.

"자, 잠깐 멈추고 계속 행진! 우리 저기 보이는 타워까지 계속 가야 돼. 일단 타워에 올라가면 이 습지와 비버에 얽힌 재밌는 이야기를 해 줄게."

그렇게 학생들을 인솔하는 중에 잠깐 시간도 챙긴다. 야외수업이라도 정해진 시간에 끝내지 않으면 다른 약속이나 다음 수업이 있는 학생들의 불평이 쇄도한다. 일반적으로 야외수업이 사실상 에너지가 더 많이 드는데 수업시간 내에 다루어야 할 것들을 빠뜨리지 않게 신경 쓰면서 혹시라도 있을 학생들의 안전사고나 상태들을 끊임없이 살펴야 하기 때문이다.

습지에는 다양한 담수습지에서 흔히 볼 수 있는 습지식물들이 나타나고, 악어거북(snapping turtle)과 멀리 쓰러진 나뭇가지 위에 고고한 자태를 뽐내는 두 마리의 큰왜가리, 구름처럼 하얀 해오라기도 눈에 들어온다. 강의실에선 조용하기만 했던 몇몇 학생들은 들뜬 모습이다. 수위에 따라 다양한 식생들을 관찰하며 공원 곳곳에 설치된 새집들과 몇 년 전 버지니아공대(Virginia Tech) 팀이 기상관측을 위해 설치해 놓은 기상관측기를 지나 좁은 숲길을 좀 더 걸으면 2층으로 된 전망타워가 나온다. 곳곳에 습지와 비버를 설명하는 삽화로 가득한 안내판들이 있다. 공원의 중심부에 위치한 이 습지는 주민들에게 특히 사랑받는 곳이다. 하루 일과를 끝내고(보통 워싱턴 디시 공무원들은 코로나19 이전 기준으로 오후 2시면 퇴근하는 사람들이 많다. 물론 일찍 출근하니까 그렇다) 퇴근 후 산책을 목적으로 이 공원을 방문하는 사람도 많다는 얘기를 담당자에게 들은 적이 있다.

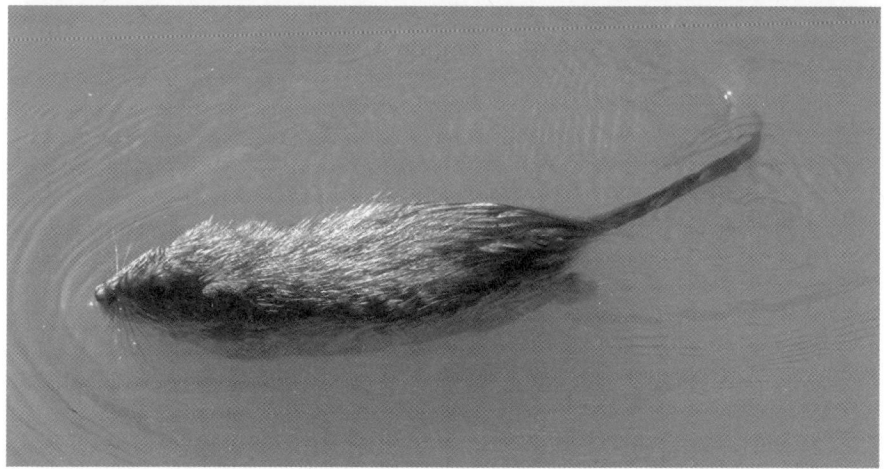

헌틀리메도우 공원은 버지니아주의 페어팩스 카운티 공원국이 관리하는 공원 가운데 가장 규모
가 큰 곳으로 다양한 동식물상을 자랑한다. 특히, 공원 한가운데 위치한 비버의 활동으로 만들어
진 마쉬 형태의 습지는 수업장소로 자주 학생들과 방문하는 곳이다. 사진은 비버습지 야외수업
중에 학생인 마힌(Maheen)이 찍은 수초 사이로 몸을 숨긴 악어거북(위)과 꼬리가 비버에 비해 가
늘고 긴 사향쥐(아래)의 모습이다. ⓒ Maheen

* * *

마른 땅이었던 공원의 중심부에 비버들이 들어와 나뭇가지들로 자연댐을 만든다. 그래서 물길이 막히고 비가 오면 물이 고여서 습지 생물상이 발달하며 버지니아주에서는 웬만해서 보기 어려운 마쉬형 습지가 만들어진 것이다. 그러다가 여러 해 전에 예상치 못한 일이 있었다. 비버의 활동이 줄어들었다. 비버가 계속해서 댐을 만들고 부서진 곳은 보수하는 일들을 하지 않으니, 물이 마르기 시작하며 습지가 사라지기 시작했다. 비버와 습지의 생태에 관한 이야기를 시작하자 학생들이 비버가 왜 갑자기 사라졌는지 묻는다.

"나도 같은 질문을 한 적 있어. 공원관리국 담당자들은 주변의 다른 서식처를 찾아 이사를 했을 가능성이 높다고 하더라구. 그건 초식동물인 비버에게 보다 매력적인 식생들이 근방에 있거나 아님, 이 서식처에는 먹이가 부족해 그랬을 수도 있다고."

"이곳에 오래 살아서 지겨웠나 보네요!"

테드의 농담에 모두가 킥킥거린다.

"그런데 더 재밌는 건 뭔지 아니? 그 당시 관찰되던 비버들이 이 습지를 내팽개쳐 두고 떠나는 바람에 이곳 습지생태계에 큰 변화가 일어나기 시작했어. 비버활동으로 유지되던 자연댐이 붕괴되면서 습지의 물이 모두 빠져나가자 많은 부분에 맨땅이 드러나게 되었지. 그러자 처음에는 수문, 수리조건이 맞지 않아 발아하지 못하고 있던 많은 습윤토양식물(moist soil plants; 대부분 일년생 습지식물로 물로 포화된 토양에서 그 발아와 성장이 이루어지는 식물종)들이 나타나기 시작했어. 그해 여름에 습지는 초지에 가까울 정도로 새로 성장한 일년생 습지식생들로 거의 100% 가득 찼지. 식생의 1차생산성이 엄청났던 거지. 참! 여기서 한가지 언급하고 싶은 것은 그때 비버가 사라져 수문학적으로 일어난 일시적 마름(drying)은 '수위저하(drawdown)'라고도 하고, 가끔 습지관리방법의 하나로 사용되기도 해. 식물성장을 도모하기 위해 늦봄과 초여름에 물을 잠시 빼는 수문관리인 셈이지. 이런 일시적 마름은 여러 습지식생이 발아하고 자라는 데 혜택을 주긴 했지. 단기적으로! 그러나 해가 바뀌고 시간이 가면서 육지화가 진행되니까, 즉 물이 전혀 없으니까 주변 육상식생들, 특히 나무들이 습지였던 땅으로 침입을 시작한 거야."

이건 기후변화로 인해 가뭄이 계속되면 습지에 일어날 수 있는 가능한 시나리오이기도 해서 한때 『워싱턴포스트(Washington Post)』 신문기자와 인터뷰를 했던 내용이기도 하다.

"저기 나무들 보이지?"

"네, 보여요."라고 하며 파노라마 사진을 찍고 있던 케이티가 내 말에 경청하고 있다고 알리려는 듯 큰소리로 대답한다.

"이 습지가 주민들에게 가지는 의미나 여가활동지로서의 가치가 크니까, 주민들이 불평하기 시작했고 습지를 살려달라는 탄원서를 공원당국에 내기 시작했어. 그래서 여러 번의 회의와 사전조사 및 미 공병단의 허가를 얻어서 공원이 가지고 있는 자금으로, 공원 입장에서 보면 역대급 습지복원을 결정한 거지."

전망대 2층에 빼곡히 선 학생들 앞으로, 그들을 바라보며 목청 높여 설명을 하고 있던 내 뒤로는, 비버습지의 전경이 펼쳐지고 있었다.

"비버가 가고 오는 것은 자연적인 현상이고, 또 그 활동으로 인해 형성된 습지이지만, 비버가 만들어 놓은 댐과 비슷하게, 그러나 좀더 신뢰할 수 있는 수문조절장치를 만드는 게 복원의 목표였어. 변덕스러운 비버에게 습지의 생존을 의존할 수만은 없겠다 이거지."

'변덕스러운'에 다들 깔깔거린다.

"복원사업의 일환으로 작은 댐(dam)을 만들었어. 물론 댐이라고 부르진 않아. 그들은 둔덕(berm)이라고 표현하는 걸 더 선호해. 댐이라고 하면 이제는 다들 부정적이니까."

학생들이 고개를 끄덕인다. 미국은 강의 자연화를 위해, 특히 지난 10여 년간 수많은 중소규모의 댐들을 철거했다.

"저기 봐. 비버습지의 끝부분에 조금 올라온 부분이 보이지? 만들어진 지 여러 해가 지나 이젠 식생으로 잘 덮여 감추어져 있지만, 알 수 있지?"

내가 손으로 그 둔덕을 가리키자 다들 고개를 끄덕인다.

"저 둔덕이 그 작은 댐의 윗부분이고 사람이 걸어서 지나다닐 수 있어. 처음 만들었을 때 내가 와 봤거든. 지금은 공원당국에서 출입을 금지시켜 들어갈 순 없어. 재밌는 건, 그 댐에 작은 수문 같은 것을 둔덕 아래에 설치해서 열고 닫을 수 있게 설계했다고 들었어. 즉, 필요하면 수문을 열어 댐 수위를 조절해서 비버습지의 모습을 최대한 유지하려는 게 목적이지."

"닥터 안, 그럼 공원이 언제 수문조절을 위해 문을 열고 닫는지 아세요?" 늘 내 얘기를 경청하는 똑똑한 스티븐이 묻는다.

"나도 같은 질문을 한 적이 있는데 아직 경험이 많지 않은지 데이터를 안 내놓네. 여전히 시범운행 중인가 봐. 측정을 많이 해서 수리모델을 돌려 통계적으로 그 관계를 찾겠지. 근데, 아직은 정확하게 지침을 내놓을 정도로 얻은 게 없나 봐. 문을 여는 것은 당연히 비가 너무 많이 와서 수위가 너무 높을 때이고, 가뭄이 지속되면 문을 닫은 상태로 유지하겠지. 근데 얼마나 열어서 얼마만큼 물의 양을 조절하는지 현재는 알 수가 없네."

내 설명에 스티븐이 고개를 끄덕인다. 전망이 너무 좋다면서 사진 찍느라 바쁘거나, 또 어느새 전망대 아래로 내려가 거북이 사진 찍느라 정신없는 학생들 몇이 보인다. "자, 이제 전망대에서 내려갈까? 밑으로 가면 습지를 더 가까이서 볼 수 있어." 이미 밑에 내려가서 탐방로 저 멀리까지 간 캐롤린과 알렉스에게 손을 흔들어 우리도 그쪽으로 이동함을 알린다. 둘이 사귀는지 한시도 떨어져 있지 않는 귀여운 모습이다.

＊ ＊ ＊

큰왜가리와 붉은깃찌르레기는 내가 가장 좋아하는 두 습지 새들이다. 이 비버습지에서 가장 흔하게 만날 수 있는 새들이기도 하다. 언제부터인가 사용중인 내 줌(Zoom) 배경화면은, 가장 효과적인 성과를 내고 있는 국제환경보전단체인 네이처컨서번시(The Nature Conservancy)가 2013년 주최한 환경사진전에서 상을 탄, 왜가리와 붉은깃찌르레기가 함께 습지 위를 나는 모습의 사진이다. 네이처컨서번시는 본부가 워싱턴 디시 바로 옆인 알링턴(Arlington)에 위치해 있어 학생 중 몇명이 인턴십이나 직장을 잡기도 했던 곳으로 기억된다. 지난 몇 년 줌 회의를 할 때마다 내 배경화면에 사람들이 "I LOVE the picture."를 연발했었다. 학생들에게 방문객센터에 들러 공원의 동식물상과 역사 등을 설명한 안내자료들도 챙길 시간을 주고 다시 주차장으로 향한다.

스티븐과 케이티가 나와 함께 걸으며 이것저것 계속 질문을 한다.

"비버가 습지를 만들어서 생태계에 무슨 이득이 있어요?"

"좋은 질문이야! 다음 주 수업시간에 얘기하려고 준비해 둔 주제인데, 간단히 설명하면, 습지가 가지는 기본적인 생태적 기능을 생각하면 돼. 물을 가두니까 폭우 때 범람을 방지하고, 수질개선, 여러 물고기와 새들을 위한 수생 서식처 제공 그리고 지하수 충전에도 효과가 있지. 습지, 범람원, 하천 등의 복원에 비버는 계속 이용되어 왔어. 그래서 알다시피 비버를 '생태적 엔지니어(ecological engineer)' 혹은 '자연의 엔지니어(nature's engineer)'라고 부르잖니. 수업시간에 얘기했던 거 기억하지? 습지생태계의 구조와 기능을 결정하는 가장 큰 요소는 수문이지만, 그 수문도 생물학적 피드백의 지속적인 영향을 받고, 상호작용이 있다고."

케이티가 고개를 끄덕인다.

"습지생태계에서 생물학적 피드백의 예는 여러 가지가 있지만, 가장 대표적인 하나를 뽑으라면 비버야. 그 외 생물학적 피드백에 또 뭐가 있을까? 부들 같은 습지식물 군집 자체도 수문·수리에 영향을 미치겠지? 습지에서 물이 흘러가다 무성한 식물군락을 만나면 어떻게 되겠니?"

스티븐이 기억난다는 듯이 케이티보다 빨리 대답한다.

"유속이 떨어져요."

"그렇지, 그럼 무슨 일이 생길까?"

"빠른 물에서는 살 수 없는 다른 형태의 습지식물들에게 필요한 환경이 만들어지겠죠."

"그렇지 Exactly!"

답을 맞혔다는 자신감에 입꼬리가 쓰윽 올라가는 스티븐이다.

케이티도 질세라

"물이 식물군집에 부딪쳐 유속이 느려지면 침전이 더 활발해지니, 보통 퇴적물에 매달려 있는 인(phosphorus) 제거효율이 늘어난다고 했어요."라며 확인하려는 듯 재빨리 나에게 고개를 돌린다.

"수업시간에 안 졸았네! Good job!" 그렇게 걸으며 우리들의 대화는 계속된다.

"얼마 전에 소셜미디어에도 기사 떴잖아. 수계복원을 위해 캘리포니아에서 비버를 도입한다고 했던 것 말야."

"네, 봤어요!"

스티븐이 응답하자 케이티는 고개를 갸우뚱한다. 못 보고, 들어본 적 없는 모양이다.

"다른 이유지만, 이건 아주 오래 전에도 했던 프로그램이긴 한데 아이다호주에서 예전에, 그러니까 1940~50년대쯤일 거야. 아이다호 주정부기관인 어류 및 야생동물국(Fish and Wildlife Service)에서 '비버 방사(beaver drop)'라는 프로그램을 운영했거든. 비버를 비행기에 실어 낙하산으로 수계에 방사하는 거지. 물론 그땐 수계복원을 위한 것은 아니고 비버를 한적한 곳에 방사해 새로운 서식처로 옮기기 위함이었지. 그때만 해도 비버 모피가 돈이 되니 비버를 많이 사냥했거든. 반면 다른 곳에서는 인구가 늘고 주택가가 많아지면서 비버 때문에 주민들의 불평이 이만저만이 아니니, 비버를 딴 데로 이동시켜야 했던 거지. 좀 괴상한 프로그램이긴 하지만 말이지…."

케이티가 입을 삐죽 내밀고 눈꼬리를 내리며 말한다.

"비버가 불쌍해요. 그렇게 낙하하면 죽지 않아요?"

"박스에 넣어서 그 박스를 잘 묶어서 낙하시키면 착륙할 때까지 비버가 버둥거리며 박스를 열고 나오지 않는 한 죽지는 않겠지…."

"한 마리 죽었대요!"

재빠르게 검색한 모양인 스티븐이 소리친다. 여전히 울상인 케이티가 확인하며 한탄한다 "아 불쌍한 비버…."

"다음 주 수업시간에 최근 복원된 습지의 그 비버 방사 동영상을 함께 보자. 요즈음 다시 비버를 수계에 그냥 방사하자는 얘기도 많거든. 그럼 알아서 비버가 수계를 복원해 줄 거란 건데, 물론 좀 과장이긴 하지만 전~혀 말이 안되는 얘기는 아니거든. 가장 저렴한 비용으로 기후회복탄력성을 높일 수 있다는 건데, 즉 비버만큼 강변습지 경관보전에 효과적인 것도 없다는 주장이지. 또한 기후변화로 인한 가뭄일 때는 비버가 산불저항성 및 피난처 조성에도 도움이 된다는 주장도 있고…. 수업시간에 더 알아보도록 하자. 오케이?"

* * *

우리는 이미 공원 방문자 센터에 다다랐다. 몇몇 학생들은 화장실을 사용하느라 이미 센터 안에 있는 것 같았는데 5분 내로 다들 주차장에 다시 모였다. 이미 수업종료시간에서 10분을 훌쩍 넘긴 시간이다.

이렇게 야외수업을 나오면 교실에서는 조용하던 학생들도 다른 성향을 보이며 개인적 얘기를 할 정도로 마음을 여는 경우도 많다. 지난 몇 년 코로나19로 정신 건강에 어려움을 정말 많이 겪은 학생들을 생각하면 마음이 아프다. 그래서 이번 학기에는 야외수업을 더 신경써서 준비했다. 자연의 모습과 소리, 물을 박차고 날아오르는 새들의 모습을 보는 것만으로도 충분한 힐링이 되는 경우가 많기 때문이다.

"난 이 공원 너~무 맘에 들어. 다음 주에도 그냥 개인적으로 올 거야. 내 남자친구도 데려와야지."

언제나 명랑한 신디가 소리친다.

"나두, 나두."

학생들이 자신들의 차로 이동하면서 한마디씩 한다. 수업에서 다룬 내용들을 요약하고 다음 주 수업에서 필요한 것들을 한 번 더 상기시키면 그렇게 금요일 수업이 끝이 난다.

"모두 즐거운 주말!"

손을 흔들며 떠나는 마지막 학생을 보고 나서야 나도 차로 가서 수업자료로 가져왔던 책들과 인쇄물들로 가득했던 배낭을 내려놓는다. 크리스피크림 도넛 박스가 여전히 있다. 열어보니 다들 먹고 하나 남았다. 하난 또 왜 남겼는지…. 안 먹는다고 하면서, 역겹다고 하던 학생 두 명도 먹긴 먹은 모양이다. 차 안 홀더에 남겨져 있던, 이젠 차가워진 커피와 함께, 세 개째지만 남은 도넛을 입에 넣는다. 수업하고 나면 당이 떨어지니 어쩔 수 없다. 보통 학생들이 다 떠나도 나는 바로 떠나지 않는다. 방문객 센터에 들러 새로 나온 브로슈어도 챙기고, 오랫동안 알고 지낸 공원 디렉터에게 인사를 나누려고 직원에게 물으니 금요일은 출근하지 않는다고 한다. 센터를 나오는데 "닥터 안!" 하고 뒤에게 누군가 소리쳐 부른다. 돌아보니 학생 신디와 제인이다.

"아직 안 갔어?"

눈을 크게 뜨고 묻는 내게 "저희는 수업 없어요. 이게 오늘 마지막 수업이거든요."

"아, 그랬구나. 난 이제 가려고."

"안녕 닥터 안! 안녕 닥터 안!"

둘이 따로 또 같이 인사를 한다. 등받이를 조금 더 뒤로 제친 채 자세를 편안하게 하고 엑셀을 밟자 여전히 손을 흔들고 있던 신디와 제인이 백미러에서 차츰 사라져 간다.

3장

다양한 이름만큼이나 신성한 습지

매년 2월 2일은 유엔(UN)이 정한 '세계 습지의 날'이다. 유엔 보고서에 따르면 전 세계 인구 8명 중 1명은 습지와 떼려야 뗄 수 없는 삶을 영위하고 있으며 60% 이상이 습지를 통해 쓰나미, 허리케인, 폭풍해일(storm surge) 등으로부터 보호받는다고 한다. 특히 2024년 습지의 날 주제는 '습지와 인간의 웰빙(well-being)'이었는데, 이는 따로 떼어 생각할 수 없는 이 둘 사이의 관계를 강조한 것이다.

종종 '경관 속의 콩팥' 혹은 '자연의 슈퍼마켓'으로 불리는 습지는 현재 람사르습지로 지정된 곳만 해도 전 세계적으로 2,400개가 넘는다. 모두 합하면 멕시코보다 넓은 면적이다. 애석하게도 여전히 이 젖은 스펀지 같은 땅이 근본적으로 인간의 삶에 얼마나 중요한 지를 이해하는 사람은 많지 않다.

미국에서 습지의 중요성이 인식되고, 제도와 법률이 만들어지고, 복원 및 총량제를 위한 습지은행제도가 생기고, 다양한 습지 관리기법들이 갖춰지는 등의 일들은 1980년대와 1990년대 초중반을 지나면서 집중적으로 이루어졌다. 어류와 야생동물 보호에 중요한 습지의 역할은 그보다 더 오랫동안 인정되어 왔지만, 철새도래지 및 서식처로서 습지의 중요성이 국제적으로 관심을 받은 것은 그리 오래되지 않았다. 습지학의 석학 미치 교수가 전 세계적 습지생태학 교과서로 쓰이는 『습지(Wetlands)』 초판본을 출간한 것은 1986년이었다. 조금 더 모양새가 갖추어진 1993년에 나온 두번째 개정판이 내가 처음 접한 습지학 책이었다. 2015년 이 책의 5판본이 출간되었을 때 내가 마침 국제 학술지인 『생태공학』의 책 리뷰 편집장을 하고 있었기에 직접 리뷰를 썼던 기억이 난다. 현재 내 습지학 강의에 사용하고 있는 책인데 2024년 기준, 보다 갱신된 6판본이 가장 최근 판본인 것으로 알고 있다.

미국이든 전 세계적이든, 1970년대 이후 자연습지의 50% 이상이 사라졌다. 미국 내에서만 캘리포니아주에서는 거의 99% 이상의 자연습지가 사라졌다. 내 청춘의 거의 5년이란 시간을 보냈던 오하이오주는 엄청나게 큰 강이 있는데도, 96% 이상의 자연습지가 사라졌다(오하이오란 말 자체가 아메리카 원주민 말로 '큰 혹은 크고 아름다운 강'이란 뜻이다). 내가 현재 살고 있는 버지니아주도 거의 반 정도의 자연습지가 훼손 또는 파괴되었다. 역사를 돌이켜보면 습지파괴의 가장 큰 원인은 농경이다. 도시화 및 다양한 형태의 개발 또한 주원인이라고 할 수 있다. 물론 최근에는 해수면 상승에 따른 습지손실과 같은 기후변화로 인한 손실도 간과할 수 없는 부분이다.

***

습지, Wet-land, 단순히 젖은 땅…. 이 단어가 습지의 너무나 다양한 모습을 십분의 일도 표현해주지 못해 안타까울 따름이다. 미치 교수의 『습지(Wetlands)』에 의하면 전 세계적으로 다양한 습지를 표현하는 일반적 용어는 40개나 된다. 개인적으로는 아마 그 이상일 것이라고 생각한다. 습지를 공부하고 연구해 왔지만, 나도 습지의 형태와 특징을 모두 안다고 감히 말하지 못한다. 내게 친근한 유형의 습지는 마쉬(marsh), 스웜프(swamp) 그리고 범람원(floodplain) 등 몇 가지뿐이다. 『습지』에서는 수문학적 특징을 바탕으로 습지를 크게 7가지 종류로 분류한다. 염습지(Salt Marsh), 조석담수습지(Tidal Freshwater Marsh), 맹그로브 스웜프(Mangrove Swamp), 담수 마쉬(Freshwater Marshes), 담수 스웜프(Freshwater Swamp), 수변생태계(Riparian Ecosystems), 그리고 이탄습지(Peatland)이다. 이는 다양한 습지들의 일반적 명칭이며 앞서 언급했듯이 그 구조와 기능, 그리고 시간과 환경변화에 따른 적응을 통해 습지는 더 많은 형태로 존재한다.

『습지』에 언급된 습지를 나타내는 용어 40개 중에 가장 처음 나오는 빌라봉(Billabong)이란 말은 호주에서 습지를 일컫는 일반적 용어다. 최근(2023년) 학회에 참석하기 위해 호주의 다윈(Darwin)이란 곳에 가게 되면서 코로보리 빌라봉(Coroboree Billanong)을 방문한 적이 있다. 그것도 바다악어(saltwater crocodile) 수십 마리에 둘러 싸여서 말이다. 호주에서 빌라봉은 습지로 향하는 도로표지판에서도 종종 볼

수 있다. 앞서 얘기했던 콩팥습지에서도 빌라봉이라 불리는 대체경
감습지가 하나 있었는데, 미치 교수가 호주를 막 다녀와서 기념으로
그렇게 이름 붙인 것이다. 1990년대 중후반부터 미국의 젊은이들 사
이에서 한창 인기를 얻은 '빌라봉'이란 의류브랜드도 서퍼(surfer)용
의류로 시작한 호주 브랜드다.

흔하게 접하는 습지를 표현하는 또 다른 용어로는 'Bottomland
(저지대)' 또는 'Bottomland Hardwood Forest(저지대활엽수림)'가 있는
데 주로 강변의 낮은 지역, 대부분 범람원 충적지에 형성된 나무가
많은 습지를 일컫는다. 주로 미국의 남동부와 동부 지역에 분포하고
있다. 강이나 하천의 주기적인 범람의 영향을 받고 있다는 공통점이
있다.

그 외에도 기후변화시대의 탄소저장고로서 가장 주목받는 습지
로 이탄습지(peatland)라고 총칭되는 습지가 있다. 이탄습지에는 보그
(bog), 펜(fen), 마이어(mire), 무어(moor), 포코신(pocosin) 등 지역과 시
대에 따라 여러 개의 이름이 존재한다. 이탄습지는 전 지구 육지면적
의 약 3% 정도를 차지하지만 토양에 있는 총 탄소의 30%를 저장하
고 있기도 하다(이건 산림이 저장하는 탄소량의 거의 2배에 달하는 양이다). 이
탄습지는 인간의 여러 개발활동과 기후변화에 가장 취약한 형태로,
습지로 있을 때는 '탄소저장고'이다. 그러나 기후변화로 인한 가뭄이
나 기온상승으로 습지가 물을 잃게 되면 엄청난 양의 온실가스를 발

생시키는 잠재적 '탄소폭탄'이 될 수도 있는 형태의 습지다.

또 해안가에 발달한 염분에 내성을 가진 습지식물들로 이루어진 염습지, 그리고 아열대와 열대해안 생태계에 발달한 전혀 다른 형태와 모습을 가진 맹그로브 스웜프까지, 습지를 가리키는 말은 정말 많다. 오래전 플로리다의 한 맹그로브 스웜프에 방문했을 때, 잠시 잠수해서 물 밑에 감추어져 있던 맹그로브 나무의 인상적인 아치(arch) 모양 뿌리구조를 보고 놀랐던 적이 있다. 맹그로브 스웜프는 탄소저장고로, 또 해수면 상승이나 범람과 해일 등으로부터 육지를 보호하기 위한 방어막으로서 최근 많은 주목을 받으며 복원 및 조성과 활발한 연구가 이루어지고 있는 습지다.

이렇게 다양한 용어들이 모두 '습지'를 뜻하는 단어들이긴 하지만 여기서 주목할 것은 습지의 물리적 그리고 생물학적 특성이 계속 변화하기 때문에 어떤 습지가 그저 한 가지 용어에 머물러 있지 않을 수도 있다는 것이다. 지역에 따라 같은 용어라도 전혀 다른 형태의 습지를 지칭하는 경우도 있으니 용어 사용에 주의가 필요하다. 습지를 표현하는 단어에 연계된 특정지역이나 환경조건, 그리고 그 속에서 습지와 교감하면서 일군 문화를 이해하자면 각각의 습지를 직접 방문하고 연구해 보는 것 말고 다른 방도는 없다.

* * *

그동안 미국에 살면서 일반인들이 습지를 표현할 때 가장 많이 쓰거나 내가 가장 많은 들은 용어는 스웜프(swamp)인 것 같다. 스웜프는 마쉬와는 완연히 다른 형태의 습지다. 마쉬가 주로 초본 정수식물이 주된 구성원이며 대부분 담수환경에서 이탄(peat)을 형성하지 않는 습지라면 스웜프는 나무 혹은 관목류가 주된 식생인 습지다. 즉, 나무의 유무에서 마쉬와 스웜프는 일단 구분된다.

1990년대 중반 습지생태학을 공부하겠다고 미국에 왔을 때 습지 전공이라고 나 자신을 소개하면, 일단 비슷한 시기에 다른 분야에서 공부하고 있던 유학생들도 거의 백퍼센트 '뭘 공부한다고?' 하며 반문하기 일쑤였다. 미국사람들도 내가 습지를 공부한다고 하면 "당신은 스웜프과학자군요(You are a swamp scientist)!"라며 내 소개에 반응했었다.

"이제 'swamp'라고 하면 안돼. 확실히 'wetland'라고 해야지. 어젯밤 엑스파일(The X-Files) 에피소드 봤어?"

줄리가 대학원생들이 모인 방에서 과제를 하다 말고 한마디 한다.

"습지 전공하는 사람으로서 아주 흐뭇했다니까."

줄리의 계속되는 이야기에 첫 학기라 영어가 서툴렀던 나도 귀를 기울여 들었다. 「엑스파일」은 한국에도 팬들이 많았을 정도로 1990년대 중후반 미국에서 엄청난 인기를 모았던 사이파이(Sci-Fi; Science Fiction) 시리즈물이다. 남부 루이지애나의 습지, 또는 스웜프에서 일어난 살인 사건을 조사하던 한 경찰관과 「엑스파일」의 두 주인공인 멀더(Fox Moulder)와 스컬리(Dana Scully) 요원의 대화장면이 나왔다고 한다. 경찰관이 사체가 발견된 곳을 계속 스웜프라고 표현하니까 스컬리가 말했다.

"이젠 스웜프라고 부르면 안돼. 환경청에서 '습지(Wetland)'라고 불러야 한다고 했어!"

줄리는 "TV를 보다가 빵 터졌다"고 깔깔거리며 그 에피소드의 일부를 전하고 있었다. 그 덕에 엑스파일 시리즈를 알게 되어 가끔 시간이 날 때면 즐겨 보았던 기억이 난다.

"미치 교수가 들으면 좋아하겠지? 이따 얘기해 드려야지…."

줄리는 내가 박사과정에 있을 때 석사과정을 하던 명랑한 백인 여학생이다. 락밴드 피시(Phisi)의 광팬으로 내게 그들의 음악을 알려준 장본인이며 거의 모든 사람들의 일에 거부할 수 없는 매력으로 사사건건 참견하는 스타일이었다. 외국인인 에마와 내게 처음부터 살가운 그녀이기도 했다. 물론 그런 명랑함 뒤에 숨은 슬픈 가정사를 허심탄회하게 나누는 정도의 친구 사이가 되기까지는 조금 더 많은 시간이 걸렸지만.

* * *

미국에는 환경을 관장하는 법이 크게 두 가지 있는데, 하나는 수질청정법(Clean Water Act)이고 또 하나는 대기청정법(Clean Air Act)이다. 습지의 정의와 관리는 수질청정법의 대상이다. 습지에 대한 정의만 해도 1950년대부터 수많은 변화를 겪어 왔는데, 그 조건과 범위가 조금씩 다르고, 연방대법원의 결정에 의해 습지를 정의하는 조건들이 바뀌면 하루아침에도 수많은 습지가 파괴될 위협에 놓이게도 된다. 최근에도 연방법원이 습지 규정의 폭을 축소시키는 결정을 한 일이 있다(i.e., 새켓 대 미국 환경청 간 소송, Sackett vs. EPA case). 특히 "호소, 하천 등과 같은 수체의 근처에 위치하거나 수체와 연속적으로 물을 주고받는 연결성이 없는 경우, 수질청정법이 보호해야 할 대상 습지가 아니다."라고 결정을 한 것이다. 그런 결정이 나게 되면 갑자기 수많은 습지들이 방류되는 오염물질에 무방비하게 노출되거나(더 이상 보호의 대상이 아니므로), 허가 없이도 개발을 위한 훼손이 허락되는 땅이 되어 버린다. 따라서 환경법적인 측면에서의 습지와 수자원 전반에 대한 공부와 연구가 그 어느 때보다도 중요한 시점이다. 많은 과학자들이 그 연결성을 수문·수리, 생지화학 및 서식처로서의 역할 등 다양한 습지의 기능으로 증명하려 했던 지난한 노력이 지난 20~30년 동안 집중적으로 이루어졌고 여전히 계속되고 있다.

'고립습지(Isolateld wetland)'라 해서 주위에 그 어떤 수체도 없고 육지로 둘러싸여 있는 작은 면적의 습지를 보호해야 하느냐 마느냐를 가지고 2000년대 초 미국에서 한동안 시끄러운 적이 있었다. 현재 미 연방정부는 더 이상 이런 형태의 습지를 보호하지 않는다. 물론 미국은 각각의 주에서 따로 법을 만들어 보호할 수 있으므로 그런 습지들이 바로 파괴되는 것은 아니지만 상당히 아쉬운 결정이다. 예를들어 위스콘신(Wisconsin)주는 현재 주 전체에 남아 있는 자연습지의 20%가량이 고립습지이다. 습지는 아주 미묘하게도 그냥 편평한 땅에 지표수가 지속적으로 천천히 지나가면서 만들어지기도 한다. 빗물과 봄에 녹는 눈에 의해서도 형성될 수 있으며, 또한 지하수의 유입으로 만들어지고 유지되는 습지도 많다. 그런데 반드시 가까이에 하천이나 강이 있어야 하고 범람 시 혹은 지표수의 이동으로 그 하천이나 강과 수문학적으로 연결되어야만 습지로 인정할 수 있다는 결정은 논란의 여지가 많다. 이 고립습지들은 종종 봄과 여름에만 알아볼 수 있을 정도로 잠깐 나타나는 일시적 습지(ephemeral wetlands)로서 여전히 습지가 제공하는 홍수저감, 수질개선 및 서식처로서 중요한 기능을 한다고 알려져 있다. 특히 고립습지는 물새들의 번식처로서 중요하다. 양서류들은 물고기가 없는 고립습지를 산란지 및 서식처로 선호하기도 한다.

사실 말이 나와서 얘기지만, 물이 있는 그 어떤 서식처도 isolated(고립된), separated(분리된) 등의 표현으로 말할 수 없다는 것이 내 생각이다. 많은 고립습지들의 경우 지하수와 수문학적으로 연결된 경우가 꽤 있다. 생각해 보면 지구상의 모든 생명이 물로 연결되어 있다. 물이 필요한 동물들과 새들이 이 습지, 저 습지 및 강과 하천 사이를 이동해 다닌다. 그러니 '고립'되었다고 표현하고 보호에서 제외하는 것은 과학적인 근거에 기반해서 뿐만 아니라 생태학자로서 찬성할 수 없는 일이다.

생태학의 기본정신은 1970년대 초 생태학자인 배리 커머너(Barry Commoner)가 만들었던 생태학 법칙(Commoner's Laws of Ecology)

의 첫번째 항목처럼 "모든 것은 그 외의 모든 것과 연결되어 있다 (Everything is connected to everything else)."란 말에 잘 표현되어 있다. 인간과 자연의 끊을 수 없는 연결에 대한 확언으로, 자연주의자 존 뮤어(John Muir)의 말을 보다 쉽게 표현한 것이다. 사람도 마찬가지인 것 같다. 그렇게 느껴질 때가 종종 있지만 누구도 '섬'은 아니다. 삶은 때론 힘겹지만, 그래도 고립이 아닌 연결을 찾고 만들어 가며 함께 살아내야 하는 책임이 따르는 선물이자 축복이다. 사람이 만들어 놓은 유형무형의 모든 것들을 통해서 우리 모두가 전 인류와 어떻게든 연결되어 있다.

* * *

미국에 와서 처음 본 습지는 사실 플로리다의 에버글레이즈(Everglades)였다. 대략 30~60cm정도 되는 수위를 가진 담수 마쉬 형태가 지배적인 아열대의 습지대이다. 또한 스웜프, 맹그로브 외에도 다양한 형태의 습지들을 포함하는, 북미에서 가장 큰 습지 중 하나이며 전체 습지지역의 1/3정도가 국립공원으로 지정되어 있다.

에버글레이즈는 'River of Grass(풀의 강)'라고 종종 불린다. 이는 평생 에버글레이즈 습지보전에 기여한 작가 마조리 스톤맨 더글러스(Majorie Stoneman Douglas)의 1947년 베스트셀러인 책의 제목(The Everglades: River of Grass)이기도 하다. 이 책은 에버글레이즈 습지가 물을 빼고 상업적으로 개발되어야 하는 쓸모없는 땅이 아니라 국립공원으로 보존되고 보호받아야 할 생태계라는 것을 미 전역에 알리며 같은 해 에버글레이즈 습지가 국립공원으로 지정되는 데 견인차 역할을 했다. 2019년 공영방송국 PBS가 제작해서 선보인 「The Swamp - Nature Never Surrenders(스웜프 - 자연은 결코 굴복하지 않는다)」라는 다큐멘터리에 에버글레이즈 습지의 역사와 배경이 잘 설명되어 있다.

내가 박사과정을 한 오하이오주립대학교는 학기제(semester)가 아니라 쿼터(quarter) 시스템이었다. 1996년 8월 초 오하이오주 수도인 콜럼버스에 도착한 나는 9월 초에 시작하는 가을 학기까지 조금 시간이 있었다. 기숙사에 입주해서 짐을 풀자마자 1년 전 나보다 먼저 플로리다대학교로 유학을 갔던 선배의 초대로 플로리다를 방문할 수 있었다. 그때 유네스코 세계자연유산으로도 등재된 에버글레이즈 습지를 처음 보게 된 것이다. 국립공원으로 지정된 습지지역만 해도 150만 에이커(약 6,070km²)로 서울시 면적의 10배나 된다. 방문한 날, 아주 일부를 보는 것으로 만족해야 했지만, 처음 보는 장엄한 풍경에 압도당하고 그 신비함에 매료되었다. 물론 그 이후에 연구지 방문 및 학회를 통해 두세 번 더 볼 기회가 있었지만, 워낙 커서 그때도 또 다른 일부지역에 국한된 방문일 수밖에 없었다. 끝이 보이지 않는 에버글레이즈 습지대를 가로지르다 보면, 처음 보는 악어들이 조금 겁나기는 했다. 그럼에도 이런 습지를 연구하는 데 참여해 보고 싶다는 욕구가 강하게 솟구쳤다. 이루어지지는 않았지만 사실 에버글레이즈에서 연구해 볼 수 있는 기회가 딱 한번 있었다.

"그건 또 포닥 자리 아니야?" 옆에 앉아 있던 동료가 물어본다. 박사를 마치고 운 좋게 구했던 일리노이대학교(University of Illinois at Urbana-Champaign)의 포닥연구원 계약 2년이 끝나가던 때였다. 그래서 또 다른 자리를 물색하고 있었다. 그 가운데 한 곳이 에버글레이즈 장기연구지였는데, 1년씩 계약을 하는 포닥 자리였다. 연구교수(research professor)로 불리는 이런 자리는 소프트머니(soft money)라고 해서 연구비 내의 인건비에서 생겨난 자리라 연구가 종료되거나 연구비가 마감되면 끝나는 비정규직이었다. 그래도 외국인으로서 자리가 있으면 감사할 따름이었다. 습지생태학 분야에 교수자리가 나오는 게 흔한 일이 아니었다. 그런데 마침 그때 두 군데 대학교에서 습지생태학자를 뽑는다고 해서 지원해 놓고 마음을 졸이고 있던 중이었다. 한 곳은 텍사스에 위치한 대학이었고, 또 한 곳은 지금 내가 근무하는 조지메이슨대학교였다. 플로리다 에버글레이즈 장기연구팀의 연구교수 자리는 플로리다 마이애미에 있는 한 대학에서 앞서 공고한 것이었다.

미국과학재단(National Science Foundation)은 전국에 걸쳐 중요한 생태계들을 장기연구(LTER; Long Term Ecological Research) 지역으로 지정하고 종종 몇십 년에 걸쳐 연구비를 제공한다. 에버글레이즈도 그중 하나였다. 인터뷰를 하러 오라는 연락을 받고 꽤 흥분했던 것 같다. 비행기 안에서 이미 여러 번 연습한 발표를 다시 되새겨 보다 보니 어느새 마이애미 공항에 도착해 있었다.

"네가 창우니(Are you Changwoo)?"

내 이름이 적힌 팻말을 든 키가 큰 여성이 앳되 보이는 청년 둘과 함께 나를 마중 나온 것이었다.

"난 서맨다야, 여기는 제레미와 대니."

반갑게 나를 맞이한 그들은 지도교수인 하비가 다른 일정이 생겨 대신 나온, 에버글레이즈 장기연구팀에서 박사과정 중인 학생들이었다. 조금 늦은 저녁시간 도착한 나에게 대뜸 "뭐 먹고 싶냐?"고 묻더니 마이애미 시내 한 식당으로 함께 갔다. 이튿날 아침 세미나가 예정되어 있어, 맥주 한 잔 정도만 허락하려 했던 내게 이 박사과정생들은 너무 친근하게 훅 다가왔다. 그래서 꽤 많이, 즐겁게 마시면서 함께 일하게 될 지도 모를 그들과 서로 빠르게 알아가며 친해지고 있었다. 한 명씩 자신이 현재 진행 중인 연구에 대해서도 자랑스럽게 꼼꼼히 설명하는 모습은 꽤 인상적이었다. 지금 돌아보면 참 흔한 일은 아니었지 싶다. 개개인의 성격 탓도 있겠지만, 교수가 팀을 어떻게 운영하고 또 어떤 사람이길래 이렇게 학생들이 훌륭한가…. 점점 내일 아침 만나게 될 그들의 지도교수 하비가 궁금해졌다.

머리가 뻐근한 상태에서 맞춰 놓은 알람이 울리기 5분 전에 눈을 떴다. 예민한 성격 탓인지, 다음날 무슨 일이 있어 시계를 맞추면 항상 알람이 울리기 직전에 눈이 떠진다. 샤워를 하고, 준비해 온 면바지에 블레이저를 깔끔하게 차려 입고 거울을 본다. 2년 전에도 했던 인터뷰다. 두번째이니 그때만큼 긴장되지는 않았지만 그래도 '잘하자!'라는 다짐을 하고 호텔방을 나섰다. 로비에는 어제 저녁을 함께 했던 세 명 중 하나인 대니가 나를 캠퍼스로 데리고 가려고 기다리고 있었다.

"꽤 취했던 것 같은데 지금 어때?"라고 묻는 그는 베드 헤어(떡진 머리)를 하고 빙긋 웃는다.

"너 세미나 준비됐어?"라며 다시 은근 압박질문도 한다.

"I am ready, man(그럼 준비됐지)!"라고 말하며 나도 방긋 웃어 준다.

교수 자리건 포닥이건 인터뷰 여행은 보통 최소 이틀 또는 2박 3일의 일정으로 이루어진다. 도착, 발표, 수많은 사람들을 각각 분야별로 만나고, 관련 연구 시설물을 돌아보고, 설명 듣고, 학생들 따로 만나고, 저녁모임, 그리고 또 다시 채용심사위원회 위원장 또는 담당 교수와 단독면담도 하게 된다. 나 외에 어떤 다른 후보도 볼 수 없고 몇 명이, 누가 지원했는지 알 수도 없다. 한국처럼 지원서에 사진을 붙인다거나 개인적인 질문을 전혀 할 수 없게 법으로 규정되어 있다. 오로지 뽑고자 하는 자리에 적합한 경험과 능력 그리고 소통 등 그들이 찾는 자질을 바탕으로 평가하는 것이다. 나 자신도 교수가 된 이후 수많은 채용심사위원회에서 위원장이나 위원 역할을 해 본 경험이 있다. 일단 채용심사위원이 되면 교육을 받아야 한다. 거기엔 면접 대상자에게 나이, 가족관계, 결혼여부 등 절대로 해서는 안 되는 개인적인 질문들에 대한 교육도 포함되어 있다. 어떤 면에서 이런 인터뷰는 나로서는 또 하나의 새로운 역할을 해내는 무대 위 배우 같다는 느낌이 들게도 한다. 오늘도 삶이라는 무대에서 주어진 퍼포먼스를 충실히 완성해야 한다.

미소를 보인 하비 교수의 모습에 안도하면서 세미나를 잘 마쳤다. 오후에는 에버글레이즈 장기연구지를 돌아보는 일정이었는데 내색은 하지 않아도 은근히 부푼 마음이었다. 하비 교수와 연구원 한 명, 그리고 전날 만났던 제레미와 함께 스웜프보트라고도 불리는, 보트 뒤에 엄청나게 큰 팬(fan)이 돌아가면서 물살을 가르며 빠르게 달리는, 에어보트(airboat)에 올라탔다. 에버글레이즈 국립공원에 관광 오는 사람들도 흔히 돈 내고 탈 수 있는 보트이다. 재정적 지원이 탄탄한 장기연구지라 여러 대의 에어보트를 비롯해 많은 연구장비들을 부러울 만큼 잘 갖추고 있었다. 보트라고 해도 보트 바닥이 아닌 높게 앉을 수 있는 의자가 있어 나를 포함한 세 명이 나란히 어깨가 닿을 만큼 촘촘히 앉았다. 한 군데 연구지를 돌아보고 다음 연구지로 이동하면서 천천히 배를 돌리자 'River of grass'란 표현이 무색하지 않을 정도로 광활한 '풀들의 강'이 멀리까지 내 눈앞에 펼쳐졌다. 그간 미국생활의 시름을 단번에 집어삼킬 만큼 압도적인 풍광이 나를 사로잡았다. 에버글레이즈의 강은 하늘을 향해 흐르고 있었다.

천천히 뱃머리를 돌린 에어보트는 다시 속력을 내며 빠르게 물살을 가르는데, 생각보다 빠른 속력이라 엄청난 바람이 불어 눈을 뜨기가 힘들 정도였다. 모자를 썼다면 바로 날아가 버렸을 것이다. 신나게 달리던 에어보트에 속력이 붙자 주위에 있던 오리들이 놀라 퍼덕이며 일제히 날아올랐고, 그 중 한 마리가 내 가슴에 '쿵' 하고 약간 아픈 정도로 부딪치고 말았다. 너무 순식간에, 갑자기 일어난 일이라 나도 놀라서 어쩔 줄 모르고 몇 초간 멍했던 것 같다. "푸하하하", 옆에 앉아 있던 하비 교수와 제레미가 박장대소를 하며 낄낄거린다. 에어보트는 이미 오리와 충돌했던 자리에서 벌써 한참 멀어져 왔다. 제레미가 수건 하나를 건네면서 한마디 한다.

"창우, 니 왼쪽 가슴에…ㅋㅋㅋ."

셔츠의 왼쪽 가슴, 오리가 쿵하고 부딪쳤던 부분이 흑갈색의 물과 덩어리로 얼룩져 있었다.

"오리가 똥 쌌네."

제레미가 웃음을 참지 못하며 또 한마디 한다. 하비도 따라 웃고. 잠깐 놀라기도 했지만 나도 웃음이 터졌다.

"오리도 얼마나 놀랐으면 지렸겠니, 하하."

그렇게 부분적이었지만 에버글레이즈 장기생태연구지를 에어보트로 돌아보는 호사를 누리고 저녁을 함께 먹으며 인터뷰 여행은 끝이 났다.

공식서한은 며칠 안으로 보낸다고 했지만, 마지막 단독 인터뷰에서 나를 고용하고 싶다는 뜻을 밝힌 하비 교수의 친절에 돌아오는 길은 한결 가벼운 마음이었다. 마이애미에서 다시 일리노이대학교로 돌아온 지 며칠 되지 않아 이미 한주 전 인터뷰를 했던 조지메이슨대학교로부터 잡 오퍼(job offer) 전화와 함께 팩스를 받게 되었다. 하비 교수에게 그 사실을 바로 알렸다. 너무 미안한 마음이었다.

"당연히 교수 자리에 가야지." 하비 교수는 나의 앞길을 격려해 주었다.

"네가 에버글레이즈에 왔으면 정말 좋았을 텐데…"

아쉽다는 말도 함께. 그러면서 그 전에 자신의 팀에서 포닥연구원을 마친 다음 버지니아 USGS(United States Geological Survey; 미국의 연구 전문 정부기관인 지질조사국)에서 근무하고 있는 알버트를 만나보라며 소개해 주었다. 서로 가까운 거리에 있으니 협력해 보는 것도 좋을 거라는 조언과 함께. 알버트는 그 이후에 거의 20여 년간 나와 협력했던 뛰어난 과학자로 지난 여러 해 동안 나의 대학원생들의 논문심사위원이 되어 주기도 했던 고마운 동료다.

* * *

내게 강렬하게 다가왔던 또 하나의 습지가 있다. 버지니아 남부에 있는, 그 이름에서도 알 수 있을 정도로 엄청난 규모의 '그레이트디즈멀 스웜프(Great Dismal Swamp)'이다. 이 습지를 생각하면 스웜프의 한 지역을 걷다가 발이 빠져서 애먹었던 기억이 떠오른다. 두 명의 동료들이 힘껏 당겨 끌어내 주지 않았다면 더 깊이 빠져 허우적거렸을 지도 모른다. 'Dismal'은 '음침한, 비참한' 등을 뜻하는 영어 단어인데 처음 이 습지대를 발견하고 이름 지은 사람들이 어떻게 느꼈을지 짐작할 수 있는 단어이기도 하다.

담수산림이탄습지인 그레이트디즈멀 스웜프는 버지니아주 남동쪽에서 노스캐롤라이나 북동부에 이르는 광활한 습지대이다. 현재 면적은 2,000km² 정도 된다. 원래 두 배는 더 되는 넓이의 습지대였을 것으로 추정된다. 미국의 초대 대통령인 조지 워싱턴도 여러 번 방문한 습지대로 잘 알려져 있다. 1728년 윌리엄 비어드 2세(William Bryd II)가 버지니아와 노스캐롤라이나 접경지역 조사를 갔다가 발견하고는, 아무도 살 수 없는 이 '음침한' 땅을 바꿔야 한다고 제안했다. 그 이후 조지 워싱턴도 참여해 1763년 디즈멀 스웜프 주식회사(The Dismal Swamp Company)가 만들어졌다. 이들은 스웜프 전체에 도랑과 운하를 파는 등, 야생의 스웜프를 길들여 수익을 낼 수 있는 땅으로 바꾸려 했으나 성공적이지 못했다. 스웜프의 수문에는 많은 변화를 가져왔지만 결국 농사를 짓기에는 적합하지 않은 땅임을 깨닫고 포기한 것이다.

디즈멀 스웜프는 전체적으로 밑에 이탄층이 깔려 있어 엄청난 탄소저장고다. 또한 이름은 으스스해도 동식물상의 다양성에서는 엄청난 보고이며, 여러 가지 전설과 이야기가 전해져 내려오는 미스테리한 곳이기도 하다. 디즈멀 스웜프에서 고도가 가장 높은 곳에 위치한 자연호수인 드러몬드호수(Lake Drummond)에 안개가 낀 날이면, 결혼식 전날 죽은 인디언 여인이 하얀 카누를 타고 나타난다는 이야기는 꽤 유명하다. 또한 미국 역사에서 디즈멀 스웜프는 원주민과 흑인들의 역사를 이야기할 때 빼놓을 수 없는 곳이기도 하다. 그건 이 습지대가 노예제도를 피해 도망친 사람들의 은신처이자 정착지이기도 했기 때문이다. 디즈멀 스웜프에 살았던 이런 사람들을 머룬(maroons)이라고 불렀는데 수천 명으로 추정된다고 한다. 어떻게 이런 험난한 습지 환경에서 살 수 있었을까? 고고학자인 댄 세이어즈(Dan Sayers)는 10여 년에 걸쳐 디즈멀 스웜프 안쪽에 위치한 한 섬에서 3,600점이 넘는 유물을 발견하기도 했다. 나는 최근 몇 년 동안 이런 습지에 얽힌 사람들의 이야기에 관심을 갖게 되었다. 학생들과 세계 곳곳의 람사르습지, 특히 그 중에서 기후변화로 혹은 전 지구적 환경변화로 인한 자연 및 문화적 변화를 겪고 있는 습지들을 방문하는 교육프로그램을 개발하면서 나의 관심이 습지문화 쪽으로도 확장되어 온 것이다.

* * *

미국 지질조사국 과학자들과의 협력프로젝트의 하나로 디즈멀 스웜프의 일부 지역, 특히 벌채와 물빼기로 습지의 수문이 심각하게 훼손되어 습윤토양이 말라 버린 곳의 가스플럭스(gas flux)를 측정하는 연구를 한 박사과정생을 논문심사위원으로 지도한 적이 있다. 이렇게 인간활동으로 인해 수문이 바뀌면 나무 수종들도 천천히 습지에 적응한 수종에서 마른 땅에서 자라는 육상수종으로 바뀌고 습지가 육화되면서 습지토양의 산화(oxidation)가 가속화된다. 물이 사라지면 공기 중의 산소가 쉽게 습지토양과 접촉해 호기성 미생물들의 유기물 분해가 활발해진다.

연구를 진행했던 박사과정생인 폴라는 2년 동안 토양에 가스챔버(gas chamber)를 설치하고 정기적으로 방문해 온실가스인 이산화탄소와 스웜프가스(swamp gas)라고도 불리는 메탄가스의 플럭스(flux)를 측정했다. 이 연구의 핵심은 토양습도(moisture), 토양온도(temperature), 산림군집구성(forest type)이 가스플럭스에 미치는 영향을 관찰한 것이다. 습지에서 이 환경요인들이 나무를 베어낸다든가 물을 빼거나 물길을 바꾼다거나 하는 인간의 활동에 민감하게 반응하기 때문이다. 대부분의 학위연구들이 그렇듯 제한된 환경에서의 단기 연구이므로 뭔가 전례 없는 새로운 결과를 도출하지는 못했지만, 이후 디즈멀 스웜프를 관리하는 데 조금이나마 도움이 되는 정보를 얻게 된 것이 성과였다.

자신의 박사논문 심사 절차를 성공적으로 마친 폴라는, 오랜 시간 긴장했던 얼굴에 살짝 미소를 띠우며 다시는 디즈멀 스웜프에는 안 가겠다고 내게 농담 반 진담 반의 얘기를 건네기도 했다. 가스챔버를 설치했던 스웜프의 한 지역에서 모기장이 장착된 모자로 얼굴 전체를 가렸는데도 갈 때마다 모기에게 엄청나게 많이 물린 모양이었다. 이야기를 듣다 보니 나도 예전 디즈멀 스웜프의 어느 지역을 방문했을 때 도저히 사람이 살 수 있는 환경이 아니라는 것을 직감했던 기억이 떠올랐다. 모기 외에도 알 수 없는 벌레들에게 물어 뜯기고, 후덥지근하고, 종종 발이 빠져 진흙으로 뒤덮여 장화는 무겁고, 얼굴에는 흘러내리는 땀 때문에 눈도 뜨기 어려웠다. 그때 디즈멀 스웜프를 돌아보고 나서 바로 근방에 있는 백베이 국가야생보호구역(Back Bay National Wildlife Refuge)을 방문했었다. 탁 트인 물가에 서서, 서늘한 바람을 맞으며 바라본 평온하고 아름다웠던 백베이 마쉬는 디즈멀 스웜프와는 너무나 극명한 대조를 이루는 장관이었다. 그 순간 문득, 삶은 스웜프와 마쉬가 끝없이 반복되는 경관인 듯 느껴졌다.

* * *

아직도 못 가본 곳이 훨씬 더 많긴 하지만, 그동안 습지연구자로서 코스타리카의 팔로베르데 습지국립공원(Palo Verde National Park Wetland)부터, 그리스의 메솔롱기 라군(Messolonghi Lagoon), 중국 창수(Changshu) 지역 근방에 위치한 샤자방 국가습지공원(Shajiabang National Wetland Park), 그리고 아프리카 보츠와나에 있는 오카방고 삼각주(Okavango Delta)까지 전 세계의 다양한 습지를 방문할 기회가 있었다.

습지에 대해 물어보면 여전히 모기가 들끓는 웅덩이쯤으로 생각하거나 물을 빼고 마른 땅으로 만들어 다른 용도(대부분 농경 혹은 개발)로 전환되어야 하는 '쓸모없는 땅'이라는 생각을 하고 있는 사람들이 여전히 많다. 이는 오랫동안 이어진 습지에 대한 오해와 무지에 기인한다. 오해와 무지는 쉽게 그 대상에 대한 두려움과 혐오로 모습을 바꾼다. 이해하면 바로 사랑할 수는 없다 해도 최소한 두려움을 물리칠 수 있다. 단지 이 과정이 인류역사를 볼 때 종종 너무 더디게 일어나는 것이 안타깝다. 아직도 우리가 알아야 할 것이 무궁무진한 땅! 그게 '습지'다. 인간 문명의 역사에 습지는 늘 함께했다. 고대 문명의 시작에도, 우리가 쉽게 알만한 여러 세계적 대도시들도 습지와의 필연을 끊을 수 없다. 돌아보면 습지는 인류에게 다양한 생태계서비스뿐만 아니라 생활에 필수적인 수많은 재화(goods)를 공급해 왔다는 것을 알 수 있다. 습지에는 다양한 생명뿐만 아니라, 습지가 품어낸 수많은 삶이, 또 그 삶들이 이룬 다양한 스토리와 문화가 존재한다.

습지는 'divine(신성)'하다.

4장

스웜프 씽
(The Swamp
Thing)

미국에서도 습지에 대한 부정적인 이미지는 오랫동안 존재했다. 과거 할리우드 영화나 코믹북에서 습지는 뭔가 나쁜 일이 일어날 것 같은 으스스한 느낌을 자아내는 배경으로 자주 쓰였다. 내가 어릴 때, 그러니까 1980년대 한국 TV에서 방영되었던 외화 「타잔」 시리즈(미국에서 쇼가 만들어진 것은 아마도 1960년대일 것이다)에서 등장하던 정글 속 습지의 모습이 기억에 남아있다. 사람이든 동물이든 한 번 빠지면, 나오려고 버둥거릴수록 더 빠져 들어가 버리는…. 또 그 다음은 악어가 쓰~윽 하고 빠진 사람 쪽으로 다가가는 장면 속 습지다.

습지에 대한 부정적인 의미는 일상표현 중에도 있다. 스웜프(swamp)도 'swamped'라고 하면 '일이 많아 정신없다' 혹은 '너무 바쁘다'란 뜻으로 쓰인다. 나도 어쩌다가 자주 내뱉는 말이기도 하다. 교수로서 이런 저런 일을 혼자서 하다 보면 저절로 'I am so swamped right now(난 지금 정신없이 바빠, 다른 일에 신경 쓸 겨를 없이 꼼짝달싹 못하는 상황이라는 뜻)!'란 말을 종종 하게 된다. 이런 표현을 무

심코 쓰게 되면 내 스스로 '습지생태학자로서 습지에 해당하는 단어를 부정적으로 쓰지 말아야지.' 했던 약속을 못 지킨 것 같아 겸연쩍어진다. 흔히 쓰이는 또 다른 영어 표현인 'bogged down'도 이탄습지인 보그(bog)가 그대로 이용되어 '수렁에 빠진, 꼼짝달싹할 수 없는, 헤어나올 수 없는' 등의 의미를 지닌다.

* * *

"Drain the swamp(스웜프의 물을 빼버려라)!" 이 표현은 미국에서 정치적 슬로건으로 오랫동안 쓰여온 말이다. 내가 사는 곳이 미국의 수도이며 정치의 중심부인 워싱턴 디시 옆이라 이 표현이 낯설지 않다. 공화당, 민주당 할 것 없이 1980년대 레이건 대통령 때부터 쓰인 표현이다. 트럼프가 2016년 대통령 선거운동 연설 중, 또는 트위터로 수없이 해시태그까지 걸며 사용해 다시 많이 회자된 표현이기도 하다. 정치인들이 많이 써온 이 표현은, 사실상 개발업자 혹은 부동산 투기꾼들 입에서나 나올 법한 표현인데, 워싱턴 정가에서는 수많은 로비스트들과 부패한 정치인들을 일소해 버리자는 뜻으로 종종 쓰인다. 이것도 습지를 '부정적'인 의미로 쓰는 한 예로 나로서는 달갑지 않은 표현이다.

더욱이 이 표현은 전 세계적으로, 적어도 지난 한 세기 동안 집중적으로 습지를 쓸모없는 땅으로 간주하고 물을 빼거나 훼손과 파괴를 허락한 말이기도 하다. 습지생태계의 중요성과 역할을 잘 알게 된 지금, 미 정치인들은 자신이 얼마나 생태학적으로 무식한지

드러내고 싶지 않다면 다시는 이 표현을 쓰지 말아야 할 것이다. "Drain the swamp"는 작가이자 『뉴욕타임스』 컬럼니스트인 마셔 서파스(Martha Serpas)도 말했듯이 습지에 대한 '특급모욕'이다.

＊ ＊ ＊

한국말로도 '늪'은 부정적인 의미를 내포하거나, 그렇게 쓰이는 경우가 많은 것 같다. 종종 무질서 혹은 공포의 상징으로 표현되곤 하는데 나는 동의할 수 없다. 언젠가 한국방문 중에 우포늪을 방문해 정봉채 사진작가를 만난 적이 있다. 작가는 20년이 넘는 긴 시간을 우포늪 자연의 아름다움을 사진에 담아오고 있다. 짧은 시간이었지만 숨죽이고 슬라이드로 하나씩 감상했던 그의 작품에서 오랜 시간 자연과 교감한 작가의 호흡이 느껴졌다. 또한 예술가와 생태학자가 하는 일과 접근방식에서의 공통점 혹은 유사점을 확인할 수 있는 기회이기도 했다.

그의 사진 속에 담긴 우포늪의 아름다움을 보고 나면 습지 혹은 자연을 보는 방식, 또한 '아름답다'란 말 자체에 대해 다시 생각해볼 수 있을 것이다. 물론 누군가 스스로에게 자신이 현재 알고 있는, 제한적인 '아름답다'의 영역확장을 허락한다면 말이다. 무엇이 자연이고 자연이 어떠한가에 대한 모든 표현은 지난 수천 년간 축적된 '사람의 말'에 기반한 것이다. 그러니 우리가 알고 있다고 하는 자연의 모습이, 또한 그 아름다움에 대한 표현들이 원래 한계를 가질 수밖에 없다. 또한 그렇기에 계속되는 진화 속에 있다고 본다. 조금씩이지만 경험하고 공부해 가다 보면 그 대상이 가진 또 다른, 그 전엔 알지 못했던 '아름다움'은 그것을 이해하고 느끼는 우리 자신들과 끊임없이 상호작용하며 발전하는 그 자체로 하나의 생태계인 것이다. 직접 찾아서, 마음과 정신을 집중해 보는 것이 필요하고, 그래서 이해하게 되면 '진정한 보기'가 실현되어 간다. 그 과정에서 발견될 수 있는 수많은 종류의 '아름다움'은 자연과 그 일부인 사람에게서도 무궁무진하다.

＊ ＊ ＊

박사과정 때 동료 대학원생 및 연구자들과 함께 쓰던 사무실에는 큰 영화포스터가 하나 걸려 있었다. 웨스 크레이븐(Wes Craven)이 제작하고 1982년 개봉된 영화 「스웜프 씽(Swamp Thing)」이었다. 이 영화에 대한 정보가 전혀 없었던, 한국에서 막 온 나에게 동료학생이었던 케이티는 친절한 설명을 아끼지 않았다.

"뭐 재미는 별로 없는데… 한 과학자가 식량문제를 해결하기 위해 개발한 식물성장을 촉진하는 생명공학 포뮬라(약물)와 함께 여차저차 루이지애나의 한 스웜프로 뛰어들게 돼. 이후 늪의 식물과 융합되어 습지괴물로 변해 악당들과 맞서는 뭐 그런 얘기야!"

정작 케이티는 그다지 재밌진 않았다면서 본 소감까지 곁들여 영화소개를 해 주었다. 그때만 해도 지금처럼 마블(Marvel)이건 디

스웜프 씽은 할리우드 영화와 코믹북을 통해 잘 알려져 있는 디시코믹스 캐릭터로, 불의와 심지어 환경오염과 싸우는 히어로이다. 사진은 필자가 학생에게 선물받거나 구입해 소장하고 있는 스웜프씽 TV 시리즈물 DVD와 코믹북, 그리고 1990년에 나온 걸로 추정되는 스웜프 씽 피규어의 모습이다.

시코믹스(DC Comics, 현재 DCU)건 슈퍼히어로물의 영화가 넘쳐 나던 때가 아니었다. 으스스한 사이프러스 스웜프(Cypress swamp) 배경에 온몸이 습지식물로 뒤덮인 스웜프 씽(swamp thing)이 위기에 빠진 한 여인을 구해 품에 안고 있는 모습의 포스터는 내게 꽤 인상적이었다. 아직도 집에 그 시절에 출시한 걸로 보이는 스웜프 씽 피규어를 간직하고 있다. 볼 때마다 내 청춘의 한 장면이었던 오하이오의 콩팥습지와 그 시절 친구들을 생각나게 하는 기념품이다.

* * *

같은 디시코믹스에서 나온 시리즈물인데도 슈퍼맨, 아쿠아맨, 원더우먼, 배트맨 등과는 달리 스웜프맨(swamp man)이 아닌 스웜프 씽(swamp thing)이었다. 아마도 전자들과는 달리 조금은 괴물의 모습에 가까워 사람(man)으로 이름 붙이지 않은 듯하다. 그래도 분명 한때 과학자였던 남자가 우여곡절 끝에 습지에 빠져 어마어마한 슈퍼파워를 가지게 된 이야기이다. 어떤 글에서는 슈퍼맨 보다도 더 빠르고, 식물의 흔적만 있으면 우주로도 공간이동이 가능해 불사신이라는 코믹북 매니아들의 언급을 본 적도 있다. 다른 슈퍼히어로처럼 '맨(man)'이라고 표현하지 않고 '씽(thing)'이라고 표현한 것이 처음엔 의아했다. 약간은 시대상과, 역시 스웜프에 대한 부정적인 인식이 한몫을 하지 않았나 하는 개인적인 추측을 해보았지만 만화책으로 시작하여 다양한 장르로 각색되어 온 내용을 알고 보면 스웜프 씽으로 부르는 게 맞는 것 같긴 하다.

어쨌든 영화는 2편(The Return of Swamp Thing, 1989)까지 나왔다. 스토리는 그럴듯하지만 영화의 작품성으로 보면 완전 B급이고 특히 괴물분장이 너무 어색해 보기 민망했던 기억도 있다. 하도 오래전에 개봉되어서인지 첫 영화는 유튜브에서도 무료로 볼 수 있다(해상도는 장담 못하지만). 어쨌든 자연의 수호자로서의 스웜프 씽은 영화 외에도, 원작인 코믹북은 물론이고, TV 시리즈, 그리고 애니메이션까지 만들어졌다. 아직도 진화 중인 캐릭터이자 시리즈로, 알면 알수록 그 이야기도 끝이 없는 하나의 유니버스인 듯하다. 개인적인 생각이지만, 습지가 가진 총체적 정화능력이 자연보전 슈퍼히어로로 탄생한 것 같다. 만약 현대적인 맥락을 가지고 리메이크된다면 다른 슈퍼히어로물만큼 인기몰이가 가능하지 않을까? 첫 스웜프 씽 영화 끝부분에 주인공이자 스웜프 씽이 되어버린 알렉스의 대사가 기억에 남는다.

"잘 살펴봐, 습지에는 엄청난 아름다움이 있어(There is so much beauty in the swamp if you only look)!"

* * *

미국에서 "스웜프 사람들(swamp people)"이라 하면 못 배우고 일자무식한 사람들을 일컫는 경멸적 표현으로 오랫동안 쓰이기도 했다. 일반적으로 무법자, 밀매업자 등을 지칭하기도 하며, 더 옛날에는 마녀, 유령, 그리고 도망간 노예들을 그렇게 부르기도 했었다고 한다. 그래도 최근 미국 대중문화에서 이런 식의 표현과 사용은 꽤 사라진 듯하다. 스웜프는 현재 미국의 한 TV 쇼에서도 쉽게 찾아볼 수 있다.

히스토리 채널(History Channel)에서 2010년 방송을 시작한 「스웜프 사람들(Swamp People)」이란 리얼리티쇼는 슈퍼히어로물과는 전혀 상관없는 루이지애나 스웜프를 중심으로 살아가는 사람들을 보여주는 프로이다. 악어사냥 및 악어와 사투를 벌이는 장면을 자주 볼 수 있는 쇼인데, 18세기 루이지애나에 정착한 프랑스계 캐나다인들이 어떻게 스웜프에서의 삶을 개척해 왔는지 엿볼 수 있는 쇼이기도 하다. 이 사람들은 9월부터 딱 한 달 동안 허락되는 루이지애나의 악어사냥 시즌에 사냥으로 1년 치 소득을 벌거나 벌려는 사람들이다. 300년 동안 계속되어 온 전통이라고 한다. 물론 비시즌에 이 사람들은 게, 새우, 물고기 등을 수확하면서 생계를 유지하기도 한단다. 정말이지 전혀 다른 삶의 모습인데, 앞서 언급했던 디즈멀 스웜프의 머룬들과는 또 다른 습지사람들의 삶을 여과 없이 생생하게 보여 준다.

＊ ＊ ＊

딱 한번 루이지애나의 스웜프를 가본 적이 있다. 뉴올리언스에서 2003년에 열렸던 세계습지생태학회 발표를 위해 루이지애나를 찾았을 때였다. 학회프로그램의 일환으로 앗차팔라야 스웜프(Atchafalaya Swamp)를 볼 수 있었다. 정말 「스웜프 씽」 영화포스터에 나오는 그런 사이프러스 스웜프(Cypress Swamp)를 직접 보게 된 건 행운이었는데 그 인상이 너무 강렬해서 지금도 기억하고 있다. 미국에서 가장 큰 스웜프이기도 한 앗차팔라야 스웜프는 루이지애나주의 중간쯤에 위치하는데 습지대와 삼각주가 합쳐져 있는 형국이다. 여기서 앗차팔라야강과 멕시코만이 만나게 된다.

조금 설명하자면, 세계에서 네번째로 긴 강인 미국의 미시시피강은 흔히 상류쪽 미시시피강 그리고 하류쪽 미시시피강으로 나뉜다. 두 강을 나누는 접점이 미주리주의 세인트루이스쯤이라고 생각하면 된다. 하류쪽 미시시피강이 루이지애나의 남동쪽을 지나 멕시코만으로 빠지기 전에 전 세계 그 어떤 곳에 비해도 뒤지지 않는 엄청난 습지대를 통과하게 되는데 그 부분이 위에 언급한 앗차팔라야 스웜프를 포함하는 것이다. 스웜프, 마쉬, 그리고 얕은 해안호수 등을 포함한 이 습지대는 총면적 36,000km²가 넘는다.

앗차팔라야강이 바다로 향하면서 풍경은 나무로 가득한 산림습지에서 담수 마쉬로 바뀌고, 또 다시 염습지로 이어진다. 원래 루이지애나 해안의 염습지는 상류에 위치한 스웜프로부터 퇴적물, 영양소, 유기물을 지속적으로 공급받아 한때 미국에서 가장 광활하고 생산성 높은 습지이기도 했다. 그러나 1930년대 이후, 1년에 거의 100km²씩 급격하게 사라져 갔다. 많은 이유가 있지만 주원인은 미시시피강이 삼각주로부터 분리되었기 때문이다. 앗차팔라야강은 삼각주에서 미시시피강으로부터 내려오는 물을 붙잡기도 하고 범람 시 밸브역할을 했다. 인간의 간섭으로 오랫동안 미시시피강 본류에서 분리되어 수문이 인공적으로 조절되면서 습지가 사라져 간 것이다. 배를 띄우기 위한 수위를 유지하기 위해 전 세계 많은 강들이 20세기에 겪었듯이, 계속해서 강에 쌓이는 토사를 준설해 왔고 강 자체도 직강화된 지 오래다. 흐르는 물을 막거나 그 물길을 인공적으로 바꾸면서 습지가 사라지는 일은 한 세기가 넘는 시간 동안 수없이 있어 왔고, 지금도 세계 어느 곳에서는 일어나고 있는 일이다.

미국의 거의 모든 수자원 보호 및 관리에 관여하고 있는 미 공병단이 연방 및 주 정부들과 협력해 오랫동안 루이지애나 삼각주 복원계획을 논의하고 추진해 온 것도 한 30년쯤 되는 것 같다. 생태계 복원은 오랜 시간이 걸리는 일이다. 강의 물길을 복원하고 그로 인해 습지들이 다시 살아나게 하는 일이 하루아침에 이루어질 수는 없다. 루이지애나 해안을 강타해 뉴올리언스를 초토화시켰던 2005년 허리케인 카트리나와 리타를, 또한 2010년 멕시코만의 기름유출 사고를 기억할 것이다. 그런 일로 원래 복원에 쓰일 예정이었던 예산이 바로 구제와 복구 쪽으로 변경되어 삼각주복원은 더더욱 지연되었다고 들었다. 생태계가 죽으면 삶도 황폐화된다. 거의 매년 허리케인이나 해일로 인해 큰 피해를 입는 루이지애나주는 미국에서도 생활환경이 가장 열악한 가난한 주 가운데 하나다.

* * *

스웜프는 남극 빼고는 거의 모든 대륙에, 다양한 기후대에 존재하며 물고기, 양서류, 파충류, 그리고 둥지를 트는 새들을 포함해 수많은 동식물의 중요한 서식처이다. 앞서 언급했듯이, 스웜프의 학문적 정의는 '이탄을 형성하는 나무나 관목으로 된 습지'이며 영구적으로 물로 포화되어 있는 땅으로 크게는 주로 내륙에 분포하는 담수 스웜프(freshwater swamp)와 해안가에 나타나는 염수스웜프(saltwater swamp)로 나뉜다. 담수스웜프는 호소나 강 근처 및 주변에 형성되는 산림습지의 형태로 나타나기도 하고, 염수스웜프는 열대 해안선을 따라 주로 형성되는데 맹그로브 스웜프가 대표적이다. 염수스웜프의 식생은 당연히 조수에 의한 범람과 물의 염도에 적응한 생태계다. 많은 해양동물의 새끼들에게 식량과 피난처를 제공하는 역할을 한다.

　　주로 자라는 나무 종류에 따라 스웜프는 사이프러스 스웜프(cypress swamp) 혹은 하드우드 스웜프(hardwood swamp or bottomland hardwood swamp; 저지대활엽수림)라고 불리기도 한다. 북미의 하드우드 스웜프는 단풍나무, 검은버드나무(*Salix nigra*), 미국사시나무(*Populus tremuloides*), 양버들, 물푸레나무, 느릅나무, 습지흰참나무(*Quercus bicolor*), 자작나무, 니사나무(*Nyssa sylvatica*) 등의 수종이 주를 이룬다. 사이프러스(상록침엽수) 스웜프는 주로 티오이데스편백(*Chamaecyparis thyoides*), 검은가문비나무(*Picea mariana*), 그리고 발삼전나무(*Abies balsamea*)의 서식지이기도 하다. 백자작나무(*Betula papyrifera*)도 북반구 스웜프에서 흔히 찾아볼 수 있다.

스웜프라고 해서 다 나무들만 있는 것은 아니고, 마쉬 형태의 습지와 호소 같은 개방수면이 혼재되어 나타나기도 한다. 앞서 언급한 사이프러스 스웜프는 정말 독특한 모습을 한 습지생태계인데 이를 특징짓는 수종은 사이프러스(bald cypress tree) 나무다. 학명은 *Taxodium distichum*이며 미국 남동쪽에 주로 분포한다. 사이프러스는 한국에서는 '낙우송'이라 하며 밑으로 갈수록 마치 치마를 입은 듯, 밑둥이 옆으로 퍼지며 커지는, 물속에서 사는 나무다. 특히 '사이프러스 무릎(Cypress Knee)'이라고 불리는 특징적인 기관을 갖고 있는데 이것은 사이프러스 나무가 있는 곳이면 어디든 땅위로 솟아나와 있는 작은 기둥 같은 모습을 하고 있다.

2020년 가을학기, 수업의 일환으로 메릴랜드(Maryland)에 위치한 배틀크릭 사이프러스 스웜프 보호구역(Battle Creek Cypress Swamp Sanctuary)을 방문했을 때도 학생들이 "저거 뭐야?" 하면서 가장 먼저 질문하는 것이기도 했다. 이 '무릎'이라 불리는 부분은 나무의 뿌리에서 뻗어나와 흙과 물을 뚫고 수직으로 솟아오른 기둥 모양의 뿌리라고 할 수 있다. 전문용어로는 뉴머토포어(pneumatophore)라고도 하는데, 한국말로는 '호흡근(기근)'이다. 사이프러스의 호흡근은 사이프러스 스웜프를 방문할 때마다 가장 눈에 띄는 특징적인 모습이며, 이것을 통해서 식물이 호흡에 필요한 산소를 공기 중에서 얻는다고 알려져 있다. 사이프러스 스웜프는 늘 물에 잠겨 있는 상태로 산소가 뿌리에 도달하는 일이 쉽지 않으리라. 그래서 나무가 적응기제의 하나로 공기 중으로 솟아오른 뿌리기둥을 만들었는지도 모르겠다. 사이프러스 무릎의 역할에 대해서는 여러 가지 가설이 존재한다.

사이프러스 나무는 천천히 자라지만 600년까지 장수하는 나무로, 잘 썩지 않아 집 짓는 데 많이 쓰여왔다고 한다. 나무의 키는 어마어마하게 큰데 내가 방문했을 때도 20미터는 넘어 보였고, 안내자는 40미터까지도 자란다고 설명했다. 이 나무는 적응력도 뛰어나 웬만한 환경에서도 잘 자란다고 알려져 있다. 또한 고온의 습한 환경 때문인지 착생식물(epiphyte)과 브로멜리아드(bromeliad)도 사이프러스 나무 숲에서 흔히 볼 수 있는데 루이지애나 스웜프의 독특하고도 특징적인 모습을 연출하는 데 한 몫을 담당한다. 사이프러스 나무 밑과 주변에서는 스웜프양치류들과 바늘골속(spikerush) 식물도 흔히 볼 수 있으며 다양한 초본류의 식생들이 그 자태를 뽐내고 있다.

안내자는 계속 악어를 조심하라는 주의를 주면서 참석자들을 인솔했다. 이렇게 크고 많은 악어들을 직접 본 것도 그때가 처음이지 않았나 싶다. 투어가 끝나고 저녁모임이 있었는데, 내가 화장실에 다녀온 사이에 함께 갔던 동료가 햄버거를 시켜줘서 맛있게 먹고 나니 한마디를 던진다. "어때 맛있지? 그거 악어고기(gator meat)야." 씩 웃으며 태연하게 바라보는 그에게 바로 답을 못하고 잠시

필자가 학생들과 '세계습지의 자연과 문화' 수업의 일환으로 방문했던 메릴랜드주에 위치한 배틀크릭 사이프러스 스웜프 보호구역의 모습이다. 위도상 미국에서 가장 위쪽에 위치한 사이프러스 스웜프라 할 수 있다. 사진은 사이프러스 줄기 앞에 물 위로 솟아나온 무릎뿌리들을 보여준다.

멍해있는 내가 재밌다는 듯 다른 동료들도 박수를 치며 웃고 있었다. "치킨맛이네, 난 치킨버거인줄…." 하며 태연한 척했지만, 그제서야 루이지애나에는 수많은 종류의 악어고기로 만든 음식이 있다는 것도 알게 되었다. 우리가 저녁을 먹으러 간 식당 자체가 유명한 악어버거집이라는 것도 듣게 되었다. 그 이후로 다시 악어고기를 먹어볼 일은 없었으니 처음이자 마지막이었는데 루이지애나 사이프러스 스웜프 얘기가 나오면 늘 생각나는 에피소드이기도 하다.

* * *

원래 스웜프란 말의 어원은 독일어로 '스펀지 혹은 곰팡이(sponge or fungus)'란 의미란다. 모든 것을 흡수하는, 받아내는, 분해해 내는 등의, 현재 우리가 알고 있는 홍수를 저감하고 오염물질을 정화하는 습지의 기능을 잘 나타내 준다는 뜻으로 해석이 가능할 듯하다. 워싱턴 정가가 정말로 스웜프 같다면 다양한 사람들이 풍부하고 효율적인 정책들로 공정하고 균형잡힌 사회를 이뤄야 할 것이다. 하긴 습지를 비하하는 사람치고 습지에 발을 담고 들어가 본 사람이 몇이나 될까 싶다. "Drain the swamp!"라고 외치는 사람들은 자신의 삶이 습지에 얼마나 의존하고 있는지 깨달을 수 있는 배움이 필요하다. 질퍽거리는 사이프러스 스웜프나 하드우드 스웜프를 학생들과, 또는 동료 연구원들과 걸었던 나의 경험은 인생 고비마다 상기되곤 했다. 그건 '질퍽거리며 빠질 것 같아도 힘을 내서 앞으로 걸어나가야 한다는 것'. 삶은 늘 편평하고 마른땅 위에 두

발을 디디고 꼿꼿이 서 있는 순간만 있는 것은 아니며, 때로는 끝이 보이지 않는 늪에 빠진 혹은 빠져가는 듯한 순간이 반드시 있다. 그런데, 바로 거기에 나름 살아내기의 아름다움이 있는 것이다.

몇 년 전, 아직 이루어지진 않았지만, 환경블로그 혹은 팟캐스트를 만들어 좀 더 소통해 보겠다는 생각에 '닥터 안의 스웜프 씽(Dr. Ahn's Swamp Thing)'이라고 제목을 지은 적이 있다. 한때 내 수업을 들었던 한 학부생은 생물학전공이지만 아트 부전공의 꽤 소질이 있는 일러스트레이터였다. 마지막 수업 때, 그 학생이 나를 스웜프 씽으로 그려서 만든 이미지스티커를 내게 선물해 주기도 했다. 내가 수업시간에 했던 얘기를 듣고 꽤 나처럼 보이는 이미지를 만들어 낸 것이었다. 그 이미지는 여전히 내 홈페이지에 있으며 학생이 준 스티커는 지금도 내 아이폰 케이스에 몇 년째 붙어있다.

스웜프의 아름다운 생태학적 복잡성과 생물다양성을 배우고 알기도 전에 그것들을 가능케 하는 생명줄 '물'을 빼고 아스팔트와 콘크리트로 뒤덮어 버리는 일은 이제 있어서는 안될 것이다.

5장

생명의 물을
정화하는
습지

　내가 사는 미국의 버지니아주는 세계적으로도 유명한, 체서피크
만(Chesapeake Bay)의 일부를 포함하는 곳이다. 체서피크만 유역은
165,800km² 이상이며 여섯 개의 주(델라웨어, 메릴랜드, 뉴욕, 펜실베니
아, 버지니아와 웨스트버지니아)와 워싱턴 디시에 걸쳐 있는데, 1만 마일
(16,093km)이 넘는 해안선으로, 다양한 습지생태계와 동식물의 서식
처를 포함한다. 체서피크만 유역에는 1,800만 명 이상의 인구가 거
주하고 있으며, 그 중 약 1,000만 명이 체서피크만 연안 또는 인근에
거주하고 있다고 알려져 있다.

　1984년에 공식적으로 시작된 체서피크만 유역의 장기 수질 모니
터링은 인간의 건강과 수생 생태계를 보호하기 위해 정기적으로 수
질을 평가해 왔다. 수십 년간 엄청난 세금을 퍼부어 수질개선을 위
해 공을 들여왔건만, 수질성적표를 보면 가장 좋았을 때가 B였던 것
을 본 기억이 있을 만큼 대부분 C 혹은 D판정을 받는 것으로 알고 있
다. 인구가 늘고 농업활동 및 산업성장과 도시개발 등으로 인한 영양
염류의 과다유입이 체서피크만의 여러 곳에 '데드존(dead zone)'이라

는 저산소 혹은 무산소 지역을 만들었다. 여름, 겨울 할 것 없이 죽은 물고기들로 가득했던 적도 있었다. 용존산소 농도 2ppm 이하를 저산소증(hypoxia)이라고 한다. 한동안 악명 높았던 저산소증으로 멕시코만에 뉴저지(New Jersey)만 한 크기로 생긴 데드존은 부영양화로 일어난 조류의 과다성장을 보여주는 대표적인 사례이기도 하다. 지금도 매년 멕시코만에 140,000km²가 넘는 크기의 저산소구역이 나타난다고 한다. 미 연방정부는 수생태계의 관리차원에서 현재 저산소구역의 크기를 5,000km² 이내로 억제하고 있기도 하다. 순식간에 불어나 수면을 덮어버리는 조류는 공기 중의 산소가 물에 유입되는 것을 막고, 과다성장한 조류의 사체는 바닥에 가라앉아 분해과정에서 또 많은 산소를 소비하므로 악순환이 계속된다.

* * *

앞서 언급했던 미국 최대의 습지대인 플로리다의 에버글레이즈가 앓고 있는 병도 간단히 얘기하자면 영양소, 그 중에서도 인(phosphorus)의 과다 때문이다. 사탕수수산업에서 유출되는 다량의 인이 부영양화를 일으키고 엄청난 다양성을 자랑하는 에버글레이즈의 자연을 일정부분 침입종 식생으로 단종화해 버린 지난 30여 년의 과정은 이미 오래된 뉴스다. 전 세계적으로 수많은 수체(water body)는 현재도 부영양화로 몸살을 앓고 있으며, 유해조류의 번성으로 물 색깔까지 변한 적조현상은 몇 년째 플로리다 남서부해안에서도 가장 골칫거리인 환경문제이다. 엄청난 지역경제 손실로 이어지며 정치적

현안이 되어 최근 유권자들의 선택에 영향을 미치는 상황에까지 이르렀다.

인은 생태계에서 가장 중요한 제한요소이며 수생태계에선 특히 제한 영양염류로 잘 알려져 있다. 제한 영양염류라 함은 아주 소량의 차이로도 조류 및 수생식물의 성장을 결정짓는다는 뜻이다. 특히 인은 북반구에 많이 나타나는 이탄습지인 보그나 담수습지 및 미국 남부 스웜프에서의 식물성장을 결정하는 주요한 제한요소다. 부영양화로 인해 수많은 나라들이 수생태계복원을 위해 쏟아붓는 세금과 노력이 어마어마한데, 내가 습지공부를 하고 이 분야에서 학자로, 교수로 일하는 30여 년의 세월 속에서도 학회에 가보면 늘 같은 소리를 듣는 경우가 다반사다. '저 문제는 20년 전에도 문제라고 발표하더니, 여전히 나아진 게 없는 모양이네.'라는 생각이 드는 일이 종종 있기 때문이다. 물론 과학이 현실문제를 실시간으로 해결할 수 없으며, 꾸준한 연구에도 해결책이 미미한 것은 우리의 생활방식이 변하지 않고, 바뀌어야 할 정치건 정책이건 바뀌지 않기 때문일 것이다. 과학이 일상의 언어가 되어야 함은 물론이지만 과학의 힘만으로는 실천을 이루지 못하는 것들이 더 많은 세상이다.

* * *

습지의 수질 정화능력 중에서도 인 제거 기작은 이미 1985년, 듀크대학교의 습지연구소장을 지냈던, 또 다른 습지 석학 커티스 리차드슨 (Curtis Richardson) 박사의 『사이언스』 저널에 실린 논문에 잘 설명되어 있다. 제목도 「담수습지의 인 제거 기작들(Mechanisms Controlling Phosphorus Retention in Freshwater Wetlands)」이다. 커티스는 후에 버지니아에서 습지은행의 생태연구에 나와 함께 참여했던 동료이기도 하며 노스캐롤라이나 듀크대학교의 생지화학 대가들을 배출한 그룹의 일원이기도 하다.

* * *

    습지로 유입된 오염수에 포함되어 있는 다양한 형태의 인은 일부는 조류나 식물의 영양소로 이용되기도 하지만 주로 침전 및 퇴적작용에 의해 습지에 남는다. 습지의 바닥이 점토가 많다면 점토입자에 흡착되어 복합체를 형성함으로써 습지에 붙잡힌다. 습지가 어떤 식으로든 붙잡는 인의 양이 많을수록 습지를 통과하고 나가는 물은 더 깨끗해지는 것이다. 습지로 유입된 물속의 인은 호기조건에서 금속들과의 결합으로 침전되기도 하는데 주로 그 대상은 철(Fe), 알루미늄(Al) 및 칼슘(Ca)이다. 철 및 알루미늄과 결합된 불용성 인 침전체는 주로 산성토양에서, 칼슘과 결합된 침전체는 주로 알칼리성 토양에서 나타난다. 인 같은 경우는 퇴적물과 함께 침전되므로 인공습지를 건설하고 세월이 지남에 따라 습지 바닥에 쌓여 습지의 수질정화능을 감퇴시킨다. 그러므로 수질정화를 위해 건설된 습지라면 인 제거를 위해서 시간이 흐른 뒤 약간의 준설을 해야 하는 경우도 없지는 않다. 물론 이건 유입수의 수문패턴과 수질에 따라 다를 수 있다. 그래도 보통 수질정화를 주목적으로 하는 인공습지의 연한은 유한한 인 제거

기능을 감안하여 경험적으로 20여 년 정도로 본다.

* * *

최근에 내가 지도한 석사과정생인 에이미의 논문연구는 미국 지질조사국(USGS)과의 공동연구로 이루어졌는데, 내가 살고 있는 페어팩스 카운티에서 복원된 범람원의 시간 경과에 따른 인 역학에 초점을 맞추고 있다. 미국에서 최근 20~30년간 지자체들마다 경쟁적으로 수많은 하천복원을 시행했지만, 사후 모니터링이 장기적으로 이루어진 곳은 드물며, 복원 이전 상태를 조사한 데이터가 많지는 않은 편이다. 체서피크만 수계에서도 많은 지류 하천들에서 복원이 이뤄졌지만 복원된 하천생태계의 영양소 보유능을 고르게 측정할 수 있는 표준측정기준(standard metrics)도 아직은 부족한 편이다. 이 연구는 복원된 하천범람원의 인 저장능력이 복원이 끝나고 시간이 흐름에 따라 어떻게 변했는지를 살핀 것이다.

코로나19와 함께 시작했던 이 연구의 첫 조사는 아직도 기억이 난다. 사전 조사에서 후보를 뽑아 두었던 페어팩스 카운티에 위치한 여러 하천 중 몇 장소를 골라서 가슴장화를 신고 하천변을 따라 걷다가 때로는 물살을 가르고 걸으며 조사를 했다. 비슷한 환경조건을 가졌거나 복원 후 경과된 기간이 상당히 차이가 나는 하천범람원들을 찾아 다녔다. 이를테면 복원한 지 1년에서 10년 넘은 곳을 찾은 것이다. 그때만 해도 여전히 마스크를 써야 하던 때라, 야외지만 마스크 쓰고, 장비 들고, 때로는 허리까지 오는 물길을 걷는 것이 쉽지는 않았다. 다행히도 대부분의 수위는 무릎높이 정도였는데, 모두 "오늘 운동 엄청나게 많이 한다!"라고 하며 긍정적이었다. 연구의 결과는 범람원 토양이 복원 후 시간이 지나면서 인뿐만 아니라 질소와 탄소의 저장능력이 늘어나는 것을 보여주었다. 또한 복원된 범람원의 영양소 및 탄소 저장능력이 복원되지 않은 비교대상인 하천보다도 높게 나타난 것은 인상적이었다.

범람원 토양의 인 농도가 통과하는 물의 인 농도보다 높다면 하천에 물이 통과하면서 접촉하는 범람원에서 인이 흐르는 물로 유출될 수 있고, 범람원 토양의 인 농도보다 하천으로 유입되는 지표수가 더 많은 인으로 오염된 물이라면 범람원 생태계는 인을 잡아 저장하는 역할을 하게 될 것이다. 그것을 측정해 보는 것도 이 연구의 한 부분이었으나 바람만큼 다 이루어지지 않아 앞으로도 추가적인 연구가 필요하다.

인은 습지생태연구에서 가장 흔하게 언급되고 연구하는 영양소이지만, 아직도 알아가야 할 것이 많은 원소이기도 하다. 댄 이건 (Dan Egan)은 최근 한국어판으로도 번역이 된 『악마의 원소: 인의 남용과 생태계의 위기(The Devil's element - Phosphorus and A World out of Balance)』(2023)에서 이 원소의 이중적인 면모를 잘 설명하고 있다. 즉, 인은 잠재적으로 위험한 독성조류의 과다성장 촉발제이면서, 동시에

80억이 넘는 세계인구를 먹여 살리기 위한 식량생산에 없어서는 안 될 원소라는 양면성을 지니고 있다. 즉, 누가 더 많은 인을 가지느냐는 이미 식량안보의 문제로 전쟁도 불사하게 될 환경갈등의 큰 원인을 제공할 것이라는 충고도 잊지 않는다. 최근 나는 이 책을 습지생태학 수업시간에 학생들간 토론을 위해 일부 인용했다. 아직은 일반인들의 관심과는 거리가 먼 인에 대해 좀 더 쉽게 접하고 배울 수 있는 기회를 제공할 것으로 기대된다.

* * *

전 세계적으로 수생태계를 위협해 온 부영양화에는 인뿐만 아니라 질소(N)도 한몫하는데, 습지에서 질소의 순환은 인과는 사뭇 다르다. 웬만한 환경과학 입문서에도 잘 나와 있는 것이 질소순환인데, 우리 문명에서 환경문제를 얘기할 때 질소는 빼놓을 수 없는 화학원소이다. 인과는 다르게 질소는 기체에 기반한 순환이다. 습지의 수질정화능에 가장 많이 언급되는 용어 중 하나는 '탈질화(denitrification)'이다. 탈질화는 수년간 교수로서 학생들과 함께해 온 내 습지연구에서도 다룬 바 있는 주제이기도 했다. 습지가 탈질화를 통해 유입된 물속 오염물질인 질산염(NO_3^-)을 이질소(N_2)로 변화시키기 때문이다. 질산염은 미국 환경청이 음용수의 일급오염물질로 규제하고 있다. 물에 10ppm 이상이 있으면 블루베이비 신드롬(blue baby syndrome, 과학적 이름은 infant methemoglobinemia)이라고 해서 과다 질산염이 혈중 산소공급을 방해해 아기의 피부가 파랗게 변하는 청색증이라는 병증을 일으킨다. 이질소는 우리가 숨쉬는 공기 중의 78%를 차지하는 무색, 무취의 기체다. 습지의 혐기적 조건이 유입된 폐수 속의 질산염을 탈질화를 통해 이질소로 만들어 공기 중으로 날려보내는 것이니, 습지의 수질정화능 중에서도 질소 제거는 꽤 지속가능하다고 해도 과언이 아니다.

멕시코만의 부영양화로 인한 데드존의 발생 원인은 결국 미국 북부 아이오와의 농장에서 과다 사용된 질소비료로 인해 물에 용해된 질산염이 빠르게 이동해 멕시코만까지 다다른 것이다. 화석연료에 기반해 지난 세기 대량생산한 질소비료와 그 사용으로 대지에 질소가 넘쳐난다. 농작물에 흡수되지 않고 남은 질소비료가 유수를 통해 강과 하천으로 흘러가 부영양화의 원인이 되는 것을 막기 위해 농경지에 습지를 조성하자는 제안과 시도가 넘치게 있었다. 그런데도 질소로 인한 수생태계의 악화 문제와 데드존 문제는 오늘도 흔하게 접하는 환경뉴스가 되었다. 이는 문제의 진단과 해결과정이 녹록치 않음을 여실히 보여주는 것이기도 하다.

* * *

한때 미치 교수팀은 멕시코만에 유입되는 과다 질산염을 탈질화를 통해 줄이기 위해서는 강변복원을 포함해 조성, 복원된 습지가 200만 헥타르(2만 km²) 필요하다고 주장한 바 있다. 엄청난 크기의 습지조성 제안이어서 실효성에 의문을 제기하는 사람도 있었지만 200

만 헥타르는 미시시피강 전체 수계의 1%도 채 안되는 면적이므로 말이 안되는 것은 아니었다. 일반적으로 수계의 1~5% 정도는 어떤 형태로든 습지로 존재하는 것이 전반적 수계의 건강성을 위해 중요하기 때문이다.

돈 헤이(Don Hey)와 그의 동료들도 1993년 미국에 있었던 것과 같은 대홍수 피해를 저감하기 위해서 상류쪽 미시시피강에 비슷한 면적의 습지를 확보해야 한다고 주장한 바 있다. 안타깝게도 2022년에 세상을 떠난 돈은 미국에서 또 한 명의 습지복원 및 조성의 개척자라 할 수 있다. 박사과정 때부터 몇 번 만났던 적이 있던 그는 시카고에서 습지이니셔티브(The Wetland Initiative)를 운영했으며 그가 진두지휘했던 데스플레인스강 습지복원사업(Des Plains River Wetland Restoration Project)은 수자원 관리 및 동식물의 서식처 제공을 위해 습지를 복원했을 뿐만 아니라 예전에 습지가 아니었던 땅에 성공적으로 조성될 수 있음을 보여주었다. 더욱이 오하이오 콩팥습지의 모태가 된 것이 데스플레인스강 습지였다. 돈은 최근까지도 습지를 통한 '영양소 경작(nutrient farming)'이란 개념(습지의 복원 및 조성을 통해 경관 및 수계의 영양소를 붙잡아두는 것)을 전파하며 과다한 인과 질소를 처리하는 습지의 생태적 기능을 시장경제화하는 데 힘써 왔고 여러 자연서식처들을 기후변화시기에 탄소포집용으로도 사용할 수 있는 방법들을 고민해 왔다.

＊＊＊

　박사과정 때 진행했던 소규모 프로젝트 중 하나는 생명을 이루는 주요원소인 인, 질소, 탄소 및 황의 생지화학을 다뤘던 연구였다. 석탄화력발전소의 재를 수질정화용 인공습지를 건설하는 데 바닥재로 재활용이 가능할지 테스트해 보는 것이 첫 단계였던 이 연구는 생각해 보면 은근히 흥미로운 주제였다. 1990년대 중반 미국에서 인공습지는 이미 수질개선, 특히 인과 질소 같은 영영염류를 훌륭히 처리하는 기능이 밝혀져 오하이오주만 해도 여러 곳에 시범적으로 조성하거나 막 운영을 시작하던 때였다. 그러나 한 카운티에 3차처리(폐수에서 인과 질소 제거)를 위해 설치한 인공습지가 수위를 유지하지 못하고 바닥이 새서 운영을 중단한 일이 있었다. 습지에 들어오는 물이 오염수이니, 지하수 보호를 위해서도 인공습지를 조성할 때는 바닥에 라이너(liner; 바닥재)가 필요하다. 라이너 역할을 잘 하려면 인공습지 조성에 사용할 토양이 양질의 점토(clay)여야 하는데, 그때만 해도 토양, 토질 검사를 잘 안하던 시절이라 습지를 조성하기만 했지, 문제가 생긴 후에야 깨닫는 경우가 왕왕 있었다. 내가 교수가 된 후에 연구했던 대체습지나 습지은행으로 조성한 인공습지들 중에도 드물지만 이렇게 바닥이 새서 제 역할을 못하고 문제를 일으킨 경우가 있었다. 재활용 대상물질은 시멘트 같은 성질이 있으니 매립지로 가는 폐기물의 양도 줄일 겸, 점토의 대체제로서 그 가능성은 테스트해 볼 만한 것이었다. 석탄을 태워 전기가 발생된 후 남은 폐기물이자 재활용을 해야 할 대상 부산물은 FGD(Flue-gas-desulfurization)라고 명명된다. 오하이오주 전체에서 가장 많이 발생하는 물질의 하나로 그 당시 기준으로 연간 7,500만 톤이 발생되어 매립지로 가게 되는 폐기물이었다.

＊ ＊ ＊

오하이오주립대 공대의 한 연구팀과 함께 수행하게 된 프로젝트를 진행하기 위해서 실험용 습지와 물탱크를 디자인하여 조성, 설치하고 초소형 관수시스템을 만들어야 했다. 프로젝트의 목적은 전기 발생의 대부분을 석탄, 즉 화석연료에 의존하고 있는 오하이오주가 발전소에서 석탄을 태우고 나서 발생하는 엄청난 양의 폐기물을 재활용할 방법을 찾는 것이었다. 그렇지 않으면 계속해서 그 폐기물을 위한 매립지를 조성해야 하는데, 땅도 땅이지만 주민들의 원성에 매립지를 확장하는 것은 불가능한 일이었다.

미국의 석탄화력발전소는 석탄을 태울 때 나오는 배기가스 속에 있는 중금속을 포함한 여러 오염물질을 걸러내기 위해 집진기가 장착되어 있다. 집진기를 통해 걸러낸 물질들은 1970년대부터 연구가 많이 되어 있는 플라이 애쉬(fly ash; 비회, 부유재)란 물질이다. 집진기를 통과하고 나서 배기가스는 스크러버(scrubber)라는 석회스택(lime stack)을 통과해야 한다. 그것은 탈황을 위한 것이다. 미국 환경법의 한 기둥인 대기청정법이 배기가스 중 황의 농도를 규제하고 있으므로 석탄을 태우면서 나오는 가스 속의 황을 제거하지 않고 굴뚝으로 내보낸다면 바로 법적처분을 받기 때문이다. 이 탈황과정에서는 필터케이크(filter cake)라는 회색의 뜨겁고 물렁물렁한 폐기물이 생산된다. 이것이 식으면 고체가 되는데, 대부분이 $CaSO_4$와 $CaSO_3$, 즉 황산칼슘과 아황산칼슘의 형태이다. 이 두 가지 폐기물, 즉 플라이 애쉬와 필터케이크를 합치면 FGD가 되는 것이다. 그래서 이 FGD란 물질은 많은 양의 칼슘을 함유하고 있다. 그 외 실리콘, 철, 황, 알루미늄, 칼륨 등도 포함하고 있으며 절반 정도가 플라이 애쉬이니 흔히 중금속이라 불리는 크롬, 비소, 납, 구리, 몰리브덴 및 붕소 등도 미량 함유한다. 그럼 습지와 이 물질이 무슨 상관이란 말인가? 이 물질을 가지고 습지에서 무슨 연구를 한다는 건지, 처음엔 나도 의아했지만, 공대 연구팀에서 참여한 인도인 부탈리아를 만나, 아스팔트나 콘크리트의 대체제로서 이 물질의 화학적, 광물학적 특성을 오래 연구해 온 과정을 듣고 나서야 수긍이 갔다.

FGD란 물질은 강력한 항산화 물질로 이 물질의 주성분의 하나인 아황산칼슘도 산소와 만나면 바로 결합해 황산칼슘이 된다. 또한 높은 알칼리성을 가지며, 용해도가 낮고, 일정량의 물과 섞이면 시멘트와 비슷한 성질을 띤다. 물론 식물성장을 저해하거나 심하면 식물에 독성을 나타낼 수 있는 붕소 및 여러 중금속이 소량이지만 포함되어 있다는 것도 주목할 점이었다. 더욱이 공대팀은 이 물질이 근처 메릴랜드주의 돼지나 닭 농장에서 발생하는 산성폐기물을 보관, 처리하는 데 유용하게 쓰일 수 있다는 점을 여러 성공사례를 통해 입증하고 있는 중이었다.

* * *

"어제 공대 프로젝트 담당자와 미팅은 잘 했니?" 미치 교수가 묻는다.

"일단 1차는 모형습지를 이용해서 야외실험을 해 볼 테니 네가 잘 디자인해봐." 툭 던지니 '이것도 날 테스트해보자는 건가?'라는 압박이 느껴졌다. 하지만 너무 바빠서 얼굴 보기도 쉽지 않은 미치 교수와의 짧은 만남을 최대한 활용해야 겠다는 생각이 들어 아직 그 물질에 대한 지식이 충분치 않은 상황이었지만 질문을 던졌다.

"그럼 반은 FGD를 묻고 나머지 반은 FGD 없는 대조구로 식물성장과 수질개선(인 제거능) 측면에 초점을 맞춰 습지생태를 관찰하면 좋겠네요?"

실험의 얼개는 그렇게 대화를 하면서 조금씩 윤곽이 잡히고 있었다. 마침 그 학기에 실험통계학을 듣고 있어서 실험 디자인에 익숙해 있었다. 소규모이지만 FGD를 습지에 테스트해 보는 것은 처음이라며, 나에게 파이오니어(pioneer; 개척자)니 뭐니 하며 격려를 하던 그의 말은 잘 들리지 않았다. 2주 후까지 실험계획서를 만들고 한 달 내로 연구할 습지의 조성을 완료해야 한다는 게 엄청난 부담으로 다가왔다. 다행히 미치 교수는 학부생이던 빌이 현장 준비를 돕도록 했다. 그나마 다행이지 싶은 마음으로, 사무실로 돌아가는 미치 교수의 차를 바라보며 크게 한숨을 내쉬었다.

많은 학생들과 동료들이 조금씩 도와줘서 야외실험 준비를 마칠 수 있었다. 그리고 콩팥습지의 1만분의 1 크기인 각각 $1m^2$ 면적에 깊이가 60cm 정도 되는 모형습지 20개를 이용해 두 해에 걸쳐 습지식물 성장 및 수질데이터들을 얻을 수 있었다. 과학은 데이터를 얻는 일도 중요하지만, 더 중요한 과정은 그 이후에 있다. 데이터를 분석해서 무엇이 어떻다는 결과를 제시하고 해석을 통해 결과에 대한 토론 및 그것이 가지는 의미를 찾아내는 일이다. 생태학을 연구하는 데도 많은 접근과 방법이 있겠지만, 크게 관찰연구(observational study)와 실험연구(experimental study)로 나누는데, 이 프로젝트는 제한된 시간 동안의 실험연구이므로 결과의 해석에 신중을 기해야 하는 것이 필수였다. 프로젝트를 하면서 내 일이기 때문이기도 했겠지만 하나의 주제에 몰입해서 배워가는 큰 즐거움도 알아가고 있었다.

습지환경은 석탄기에 현대 우리 사회를 지탱해 온 화석연료의 생산과 보존을 가능케 했다. 고대의 스웜프들은 현재 우리가 사용하고 있는 화석연료의 원천인 것이다. 간단히 설명하면, 습지식물의 사체가 스웜프 바닥에 층층이 쌓이고 스웜프의 혐기성 조건으로 인해 완전히 분해가 되지 않고, 지질학적 시간을 거쳐 쌓인 층들에 가해진 압력이 식물사체들을 경화시키고 화석화해서 우리가 아는 석탄이 된 것이다. 인류가 지금의 세상을 만드는 데 수 세기 동안 석탄을 연료로 사용했으니, 습지가 인류문명의 원천이라는 데 이의를 제기할 사람은 별로 없을 것이다. 그러니 연소를 통해 전기를 발생시키고 남은 석탄 폐기물을 이용하여, 수질정화를 위해 조성하는 습지의 바닥재로 투입하는 이 프로젝트가 아이러니하면서도 한편으로는 큰 연결을 이루는 것 같은 느낌이었다.

* * *

첫 시도라 확대해석은 금물이지만 실험의 결과를 간단히 정리하면 다음과 같다. 식물성장 및 1차생산성에 부정적인 영향 없이 유입된 물속의 인(P)을 제거하는 데 FGD는 바닥재로서 긍정적 효과를 보였다. FGD에 많이 함유된 칼슘(Ca)과 이 물질이 가지는 높은 pH가 인 제거에 영향을 미친 것으로 해석된다. '인 수지(phosphorus budget)'를 계산해보니 FGD를 포함한 실험습지가 FGD를 포함하지 않은 대조구보다 대략 10% 정도 더 높은 인 제거효과를 보였다. 유일하게 걱정을 했던 플라이 애쉬에 함유되어 있는 붕소의 잠재적 식물독성은 다행히 심각하게 관찰되지 않았다. 습지에서 물질의 유입, 유출 및 습지 안에서 일어나는 순환을 정량적으로 묘사하는 일은 '생태계매스밸런스(ecosystem mass balance)'라고 불리며 습지생태계생태학 연구에 흔히 등장한다. 정량되는 물질이 인, 질소 및 탄소와 같은 생명에 필수불가결한 원소일 경우의 매스밸런스를 '영양소 수지(nutrient budget)'라고 부르기도 한다.

이 소규모 야외 실험의 결과가 긍정적이었던지 내가 박사과정을 마치고 콩팥습지를 떠난 후 미국 최대 전력회사인 AEP(American Electric Power)에서 연구비 지원을 받아 더 큰 규모로 2차실험을 했다고 들었다. 미국에서 FGD는 재활용을 늘리기 위해 농무부와 환경청의 협력으로 부시 정부부터 오바마 정부까지도 농업에 활용하도록 정부차원에서 권장해 왔으나 그 실효성에 대한 자료는 아직 나오지 않은 듯하다.

＊ ＊ ＊

과다한 영양소로 인한 수체의 부영양화, 그로 인한 침입종 식물의 서식처 파괴 및 다양성침해, 유역의 인구증가, 기후변화로 인한 해수면상승 등은 서로 복잡다단하게 연결되어 있어 진단 및 해결책 마련이 쉽지 않다. 또한 기후변화가 가져올 불확실성을 내포한 여러 환경변화의 영향은 계속적인 모니터링을 요구한다. 물을 깨끗하게 하는 습지의 수질정화능은 다양한 유형의 습지에 따라, 또한 다양한 수문학적 조건들을 포함해 끊임없이 변화하는 환경에 맞춘 시스템적 접근을 통해 지속적인 연구가 이루어져야 할 것이다.

6장

습지은행의
추억

교수가 되어 야심차게 디자인한 첫 연구를 위해 노스포크 습지은
행(North Fork Mitigation Wetlands Bank)을 돌아보고 오는 길이었다.

제레미가 갑자기 핸들을 틀었다. 잠깐이었지만 차는 순식간에 중
앙선을 넘었다.

"오 마이 갓! 뭐야?"

화들짝 놀라서 고개를 돌리니, 운전 중이던 제레미가 자신의 손등
을 기어오르고 있는 진드기를 털어내려고 핸들을 쥐고 있던 손을 들
어 마구 흔들다가 핸들이 돌아간 것이었다.

"닥터 안, 진드기, 진드기(Tick! Tick)!"

제레미가 소리를 지르며 난리를 친다. 이미 내 다리에도 여러 군
데 핏자국이 있다. 진드기에 물린 게 분명하다.

"아까 장화를 좀 더 살피고 차에 탈 걸 그랬네. 옷은 서로 다 확인
했잖아."

"소용없어. 아무리 잘 살펴도 한두 마리는 꼭 어디선가 나타나더
라."

난리 칠 만도 한 것이 진드기는 라임병(Lyme disease)을 일으키는

보렐리아균을 옮기기 때문에 안 물리도록 조심하는 게 중요하다. 현재 라임병에 대한 백신은 없다. 물론 열이 난다거나 근육통 및 두통이 생기는 초기에 항생제로 치료하면 괜찮다. 그래도 늦봄 또는 한여름에 습지조사를 나가면 진드기를 만나는 것은 놀랄 일이 아니다. 아무리 더워도 내가 항상 긴팔 셔츠와 긴바지를 입는 이유다. 일을 마치고 꼭 서로 앞뒤를, 혹시 옷에 붙은 진드기가 없는지 살펴주곤 한다. 그리고 집에 도착하면 습지에서 입었던 옷을 그대로 살살 벗어 세탁기에 바로 돌려버린다. 그럼 별 문제가 없긴 하다. 조사를 나간 오늘 날씨가 5월초인데도 햇살이 따갑고 기록적으로 더웠기에 진드기가 기승을 부린 모양이다.

* * *

습지은행은 어쩔 수 없는 자연습지의 훼손을 완화하기 위해 다른 장소에 복원 혹은 조성된 습지인데, 미국에서 1988년 첫번째 부시(George H. W. Bush) 대통령 때 국가정책으로 내걸었던 "No net loss(습지총량제)"에 의해 촉발되어 1990년대와 2000년대 초중반을 거쳐 실질적으로 정착이 이루어졌으며 여전히 실행 중인 제도다.

미국은 각 주마다 습지에 대해 약간씩 다른 법과 조례를 가지고 있지만, 연방정부의 수질청정법에 의해, 건설이나 개발사업으로 습지가 파괴되면 복원하거나 조성해야 하는 것이 의무조항으로 되어 있다. 어떤 경우에는 파괴된 습지 면적보다 훨씬 더 넓은 면적의 습

노스포크 습지은행 간판. 북버지니아 프린스윌리엄스 카운티(Prince William County)에 조성된
습지은행으로 미국 전체에서 두번째이고 크레딧을 판매해 수익을 낸 습지은행으로 알려져 있다.
습지은행으로서의 역할을 다한 후 미국 보이스카웃연맹에 기부되었다.

지를 복원해야 하는데 그 비율은 습지의 양상에 따라 결정되기도 한
다. 복원계획이나 조성사업이 확실하게 미 공병단의 허가를 받지 못
하면 습지 파괴나 훼손이 포함된 어떤 건설사업도(예를 들어 주택건설, 고
속도로 및 공항확장 공사 등) 허가가 나지 않는다. 미국에서 습지총량제는
다양한 방법으로 시도되었는데, 지난 20~30여 년 동안 실행된 습지
은행제도가 가장 주목받으며 급성장한 습지 훼손 복구 방법이다. 실
행 초반에는 학계나 보존단체들의 "이것이 습지훼손을 더 용이하게
하는 또 다른 도구로 쓰이지 않겠느냐"는 비난도 없진 않았지만 점점
많은 습지은행이 조성되고 모니터링을 통한 관리가 이루어지면서 습
지총량제를 실행하는 데 효과적으로 받아들여진 것이다. 습지은행제
도는 개발되는 쇼핑 센터나 주차장 옆에 작은 습지를 여럿 만드는 대
신, 과거 습지였던 곳을 복원하거나 대규모 습지 시스템을 만들 수도
있다는 장점이 있다.

당시 버지니아주에서 나와 학생들의 초기 연구는, 제도로서 습지
은행 자체에 초점을 맞춘 것은 아니었다. 어떻게 하면 생태학적으로
기능적인 습지를 복원 및 조성할 수 있는지, 또 그러기 위해 생태공학
적인 취지에서 도입할 수 있는 디자인요소(design elements)들은 무엇
이 있을지를 고민 끝에 선정하고 내 연구실의 테마로 삼았던 것이다.
내가 선정한 세 가지의 디자인요소는 미세지형(microtopography), 수
문학적 연결성(hydrological connectivity), 그리고 식재 혹은 식물다양성
(planting diversity)이었다. 인근에 마쉬가 거의 없어 비슷한 시스템을

찾다 보니 새로 조성되었거나 조성된 지 얼마되지 않아 모니터링 중인 습지은행들이 내 연구사이트에 적극 포함되었다.

물론 이 연구는 습지은행을 배우는 계기가 되기도 했다. 한 석사과정 학생을 통해 논문을 반 정도까지 진행시켜 그 제도와 크레딧 산출 등, 정책적인 면도 들여다볼 예정이었다. 그런데 학생이 중간에 학위를 포기해 버려 무산된 일도 있었다. 그런 일은 그 이후에도 여러 번 있었는데, 내가 있는 워싱턴 디시 메트로폴리탄 지역이라는 곳의 정체성과 무관하지 않은 듯했다. 워싱턴 디시는 연방정부의 다양한 기관에서 직업을 찾기 위해, 혹은 20~30대에 잠시 국가기관 및 국제기구들에서 인턴십 등을 경험하기 위해 전국에서 젊은 사람들이 가장 많이 모여드는 곳 중 하나이다. 길어야 2~3년 정도 머무르니 사람들의 들고 남이 잦다.

거의 7년을 살았던 미 중서부와는 문화차이가 확연히 느껴지는 곳이기도 하다. 학생들도 같은 패턴을 보여주고 있었다. 진중하게 대학원 학위를 취득하기 위해 학문적 관심을 가지고 진학하는 학생을 만나기는 쉽지 않았다. 그마저도 간혹 직장이 생기면 중간에 그만두고 다른 주로 이사를 가는 학생도 있어 교수로서 연구실을 꾸려나가는 일이 쉽지만은 않은 세월이었다. 주위에서도 이 동네는 친구도 사귀기 쉽지 않다는 얘기를 종종 했고, 틀린 말은 아니다.

콩팥 모양으로 디자인된 습지의 생태계 성장을 여러 해 지켜보며 연구한 나로서는 '디자인'에 관심이 있을 수밖에 없었다. 엔지니어링

(engineering)의 또 다른 말이 '디자인'이다. 그러니 생태공학(ecological engineering)을 생태디자인과 떼어 생각할 수 없다. 미치 교수와 요르겐센 교수가 1989년 저술한 『생태공학: 생태기술개론(Ecological Engineering: An Introduction to Ecotechnology)』에서 제시한 생태공학의 정의는 "인간사회와 자연환경 모두의 이익을 위한 디자인"이라고 되어있다. 또한 생태공학은 생태계생태학을 바탕으로 자연의 구조와 기능 연구를 통해 얻은 지식을 생태계복원에 활용하는 학문이다.

* * *

"생태디자이너(ecological designer)?" 내가 박사과정 중일 때 미치 교수 연구실의 멤버였던 오벌린대학(Oberlin College and Conservatory) 출신의 똑똑한 친구 그렉이 그의 첫 직장에서 만든 명함에 찍힌 직함이다. 최근엔 연락한 지 10여 년이 지나 꽤 오래됐지만 교수 초기에 내 생태공학 및 생태계복원 학부수업에 초청강사로 와 준 적이 있을 만큼 각별했던 동료다. 내가 박사를 마칠 때쯤 그는 미치 교수 밑에서 석사를 마치고 '리빙머신시스템(Living Machine Systems)'이라는, 하워드 오덤(Howard T. Odum)의 시스템생태학 연구에 영감을 받아 설립된 회사에서 폐수의 재활용 효율을 높일 수 있는 생태시스템을 디자인 하는 일로 경력을 쌓아가고 있었다.

그렉은 박사졸업식에 가족이 한 사람도 참석을 못해서 쓸쓸했던 내가 며칠간 어디론가 훌쩍 떠나고 싶었을 때 반갑게 맞아 준 사람이다. 그렉과 저널리스트였던 여동생 쌤이 초대했던 곳은 뉴멕시코주 타오스(Taos)의 산 꼭대기에 있는 집이었다. 자다가 곰이 집 밖에 나타나 화들짝 놀랐던 기억은 지금도 생생하다. 유명한 여배우 줄리아 로버츠의 목축장이 얼마 떨어져 있지 않은 곳에 있어 혹시나 그녀를 볼까 싶어 함께 구경갔던 기억도 있다.

그렉이 다녔던 오벌린대학은 미국 전체에서도 환경과 음악 프로그램으로 알아주는, 오하이오에 위치한 명문 사립대학이다. 특히 그가 다녔던 환경프로그램이 있는 캠퍼스 내의 환경학센터 빌딩은 전체가 인공습지를 이용해 물을 처리하고 재순환시키는 실험적 접근을 시도하고 있었다. 요즘 우리가 이야기하는 그린빌딩(green building)의 개념을 훨씬 앞서간 디자인과 실천으로 『타임(Time Magazine)』지에 소개되기도 하였다. 학생들이 수질 및 식물의 상태를 검사하는 등, 자발적으로 모니터링과 운영에 참여하고 있어 그 자체로도 엄청난 교육효과를 가지는 빌딩으로 알려져 있다. 환경생태철학자이자 작가이며 '생태학적 문해력(ecological literacy)'으로 유명한 데이비드 오어(David Orr)가 교수진에 있던 프로그램이다. 데이비드는 내가 교수자리를 찾고 있을 때 "1년 임시직이지만 이런 오벌린대학에서 일해보고 싶지 않느냐?"며 지원을 독려했던 적도 있었다.

＊ ＊ ＊

조지메이슨으로 오자마자 한동안 관심을 두고 있었던 생태계의 공간이질성(spatial heterogeneity)과 식물다양성이 가지는 습지수질정화능과의 관계, 또한 새로 건설한 습지은행의 탄소저장능이 시간이 지남에 따라 어떻게 변해가는지 등의 주제들을 중심으로 향후 몇 년간의 연구계획을 세웠다. 연구실을 성공적으로 만들고, 대학원생들을 모집하고 지도하며, 독자적인 연구프로젝트를 띄우고 외부 연구비를 구하고 새롭게 시작한 연구로 논문들이 발표되기 시작하는 등등의 일들이 테뉴어 심사를 앞둔 조교수에게 기대되는 성과들이다. 조교수로서 누구나 겪는 스트레스라면 스트레스를 나도 늘 가지고 살았다. 그땐 거의 주말도 없는 일정이었고 항상 일에 치어 있었다. 지금 생각하면 교수로서 꼭 필요한 성장의 시간이었던 것 같다. 그 시절 발표된 연구 논문들은 아직도 다양한 분야의 연구자들이 참고해줘서 돌아보면 세상에 도움이 되는 뭔가를 했다는 뿌듯함이 있다.

* * *

노스포크 습지은행은 버지니아주 전체에서 두번째로 조성된 경감습지은행(mitigation wetland bank)이다. 내 기억이 맞다면 미국 전체에서도 두번째이고 습지은행으로서 크레딧(credit)을 팔게 된 곳이기도 하다. 놀랍게도 가장 처음 조성된 습지은행인 줄리 J. 메츠(Julie J. Metz) 습지은행도 근방인 북버지니아 우드브리지(Woodbridge)에 위치한다. 이 두 습지은행 모두 나와는 오랜 인연이 있는 습지전문 환경회사인 'WSSI(Wetland Studies and Solutions Inc.)'가 조성한 습지은행들이다. 줄리 J. 메츠는 연방정부기관들 사이의 워킹그룹 의장을 맡아 습지은행제도에 대한 기틀을 마련한 미 공병단의 환경과학자이자 안타깝게도 암으로 젊은 나이에 요절한 줄리의 이름을 따서 명명한 것이었다. 지금 이 습지는 버지니아주의 프린스윌리엄스 카운티(Prince Williams County)의 공원, 휴양 및 관광부서에서 지역공원시스템의 일부로 관리하고 있다.

인연은 늘 생각지도 못한 곳에서 만들어진다. 마이크 롤밴드(Michael Rolband)를 처음 만난 날이 기억에 선명하다. 마이크는 WSSI를 창립한 CEO이고 오랫동안 회사를 키운 장본인이었다. 코넬대학교(Cornell University) 토목공학 및 MBA 출신인 그는 이 회사를 자신의 집 지하실에서 1인 회사로 시작해 한때는 100명이 넘는 직원을 둔 습지전문 환경컨설팅회사로 키웠다. 그를 처음 만난 것은 교수로서 첫해에 학생들과 습지생태학수업의 일환으로 방문했던 노스포크 습지은행에서였다. 미리 연락해 두었던 터라 그와 직원들 몇명이 안내를 해주었다. 그때 내가 노스포크 습지은행의 생태모니터링을 제안했던 것이다.

안내 중에 나와 그는 '조성된 습지의 생태계 발달', 특히 기능적 측면의 발달이 법적모니터링에 포함되어 있지 않는 현실에 대해 많은 이야기를 나눴다. 습지총량제에 의해, 초본류가 주된 식생으로 조성된 습지은행의 경우 향후 5년 동안 모니터링을 해서 매년 보고서를 미 공병단에 제출해야 하는 법적의무가 있다. 공병단에서 실시한 심사에서 습지의 복원 정도나 상태가 충족되지 않으면 모니터링 기간이 더 늘어나거나 실패로 간주되어 아예 처음부터 다시 습지를 조성하거나 복원해야 하는 것이다. 그런데 이런 '법적' 모니터링(legal monitoring)은 주로 습지의 수문 및 습지식생이 잘 발달되어 가고 있는지에 초점을 맞추고 있어, 토양 및 생지화학 과정에 대한 모니터링은 포함되지 않는 경우가 대부분이었다. 예를 들자면, 법적으로 첫해에는 조성된 습지의 40%까지 습지식물로 분류될 수 있는 식생들의 피복도를 이뤄야 한다는 등의 구조적인 측면의 모니터링 조항이 지배적이다. 마이크는 자신이 조성한 습지은행들이 단순히 법적의무 조항만 간신히 맞추는 것이 아니라, 습지생태계로서의 기능적 발달(functional development)이 제대로 이루어져 단순히 훼손된 습지의 땅 면적만을 대체하는 것이 아닌 상실된 생태적 기능의 복구를 이루는 데 나와 관심을 공유하고 있었다.

* * *

수업을 마치고 사무실로 되돌아와 주말 내내 연구제안서를 만들었다. 나의 제안서는 발달단계에 따른 습지의 생태적 기능들과 관련된 것들을 연구해보자는 데 주안점을 두었고, 조성 후 5년간의 법적 의무모니터링 기간 이후도 연구해보면 좋겠다는 점도 언급했다. 또한 조성, 복원된 습지의 토양을 잠재적 탄소저장고라는 측면에서 모니터링할 필요도 역설했던 것 같다. 제안된 연구에 참여할 학생들에게 주어질 교육 및 훈련의 기회와, 이로 인해 얻어질 일련의 지식과 경험들도 강조했다. 그렇게 해서 뜻하지 않게 WSSI가 연구비를 제공하는 첫 연구프로젝트를 시작하게 된다.

자연과학분야에서는 처음 교수로 부임하면 연구실을 갖추고 연구에 필요한 기본기자재나 재료 등을 살 수 있는, 스타트 업 펀드(startup fund; 신임교수 연구정착금)를 주는데, 조지메이슨의 경우에는 그 액수가 너무도 작아서 아주 작은 분석기 하나도 살 수 없는 상황이었다. 엎친 데 덮친 격으로 교수가 된 지 두어 달 만에 버지니아주 정부가 이라크 전쟁으로 인한 재정상의 문제로 예산을 동결시킴에 따라 연구비를 거의 1년간 사용하지 못하게 된 상황이었다. 기가 막힌 상황이었지만 그렇다고 넋 놓고 가만히 앉아 있을 수는 없는 상황에서 WSSI의 연구비 지원은 가뭄에 단비 같은 것이었다. 이처럼 좋지 않은 상황에 낙담은 했어도 불평하지 않았고 내 방식대로 헤쳐나갔다.

나의 적극적인 태도에 좋은 인상을 받았는지 모르겠지만 이른바 듣보잡인 초짜 교수의 연구에 아무리 적은 돈이라도 연구비를 선뜻 지원하는 회사가 몇이나 있을까? 그렇게 시작한 연구는 여러 명의 대학원생 학위로, 또 양질의 논문 출간으로 이어졌다. 이렇게 시작된 인연으로 마이크는 내 수업에 초청연사로 와주기도 했고, 수업의 일환으로 학생들과 함께 버지니아주에서 두번째로 지어진 루프탑습지를 장착한 그의 회사건물인 그린빌딩을 방문하면 늘 반갑게 맞으며 안부를 묻곤 했다. 또 한국의 KBS팀과 함께 습지복원 다큐멘터리를 만들기 위해 WSSI를 방문했을 때도 마이크는 시간을 내어 인터뷰에 응해주고 WSSI가 조성한 습지은행 촬영 및 취재에 직접 동행해 주기도 했다.

마이크는 제대로 된 습지를 조성하고 복원하는 일에 다른 어떤 곳보다도 많은 투자를 하고, 언제나 법령이나 규제보다 한발 앞서가고 있던 사람이었다. 몇 년 후 WSSI는 습지은행에서 나오는 크레딧의 판매를 통해 얻은 수익의 일부를 조성된 습지의 장기 모니터링을 지원하는 연구자금으로 조성해 여러 다양한 습지조성연구를 지원했다. 마이크의 창업이야기는 빌 스트리버(Bill Streever)가 쓴 『Green Seduction(녹색 유혹)』이라는 책의 두번째 장에 'Building Nature, Inc.'이라는 부제를 달고 자세히 소개되어 있다.

마이크는 나중에 자신이 키운 이 회사를 더 큰 회사에 매각했는데 (명칭과 업무들을 그대로 유지하는 조건으로), WSSI는 현재 버지니아주뿐만 아니라 다른 여러 주에도 사무실을 열고 활발하게 활동 중이다. 마이크는 2022년에 부임해 현재는 버지니아주의 환경부 디렉터를 역임하고 있는데, 한국식으로 생각하면 버지니아주 환경부 차관 또는 국장 (DEQ; Director of Virginia Department of Environmental Quality)인 셈이다. 못 본 지 시간이 많이 흘렀지만, 이 글을 쓰다보니 마이크에게 다시 한번 고맙고 그가 건강하게 잘 지내고 있기를 바라는 마음 가득하다.

첫 대학원생이었던 제레미가 나를 찾아온 때는 퇴근을 하려고 막 사무실을 나서던 어느 날 저녁, 8시가 다 되가는 시간이었다. 그는 조금 열려 있던 사무실 문을 조심스레 노크를 하고는, 들어오라는 소리를 못들었는지 밖에서 서성거리며 기다리고 있었다. 나는 문을 활짝 열며 반갑게 맞았다. 나중에 알았지만 나이가 나와 비슷한 연배였는데, 내 웹사이트에서 습지와 수계관리 정보들을 보고 관심이 있어 찾아왔다고 하면서 자기소개를 시작했다. 제레미는 원래 '역사학'을 학부에서 공부하고 오랫동안 조지타운의 한 고등학교에서 컴퓨터 및 네트워크 관리자로 일하다가, 환경 및 수자원관리와 관련된 일을 하고 싶어 경력을 바꾸는 중이었다. 저녁시간이라 배가 고파왔지만, 그렇게 한참을 이런저런 이야기를 나눴던 것 같다. 보통 학생이 문의를 하면, 나는 최소한 간단하게라도 이력서와 자기소개를 보내줄 것을 이메일로 부탁하고 인터뷰 약속을 잡는 편이나, 늘 사무실 문을 열어놓으니 종종 이렇게 직접 사무실로 찾아와 만나기도 한다. 그렇게 시작된 첫 면담은 다음 날부터 내 학생이 되어 함께 일하기로 결정을 내면서 밤 10시가 훨씬 지나 끝났던 걸로 기억된다.

제레미와는 교수생활 초반기 정말 많은 일들을 함께 했다. 고물상이나 다름없었던 공간을 실험실로 꾸미는 일부터 실습용 자재들을 구입하는 일까지. 첫 대학원생이라서 더 그랬는지는 모르겠지만 정말 많은 시간을 쏟아서 그를 지도했다. 내가 아는 모든 것을 가르쳐주고 싶은 욕심과 마음이 앞섰다고나 할까? 전혀 다른 전공으로 대학을 다닌지 오래되었지만, 공부의 감을 놓지 않고 있어서 다행인 그였다. 아이가 태어나 바빠져 석사 과정을 거의 끝낼 때쯤 파트타임 학생으로 전환하기도 했지만, 프로젝트의 지형측량과 토양 샘플링 등을 늘 나와 함께 다녔다. 돌아보면 그와 나는 서로 동등하게 의견을 나누고 협력하는 동료이기도 했다.

"닥터 안, 습지은행의 수문 모니터링을 위해 WSSI가 약속대로 지하수정(shallow wells)을 다 설치해 놓았네!"

"그렇군, 우리가 짜 놓은 식물군집조사 플롯(plot)과 100% 일치하진 않지만 이 정도면 훌륭해. 각 플롯마다 지하수정이 거의 바로 옆에 있으니, 거기서 측정한 지하수면(water table) 데이터로 수분주기(hydroperiod)를 만들면 되겠네."

제레미가 이해했다는 듯 연신 고개를 끄덕인다. 수분주기는 물 수위의 계절적 패턴으로, 보통 1월부터 12월까지 1년 정도 습지의 물 수위 변동을 나타내는 그래프이다. 습지의 수문학적 시그니처로 습지에 얼마나 많은 물이 들고 나는지에 대한 물수지(water budget)의 결과이기도 하다. 습지의 수문을 조사하기 위해서는 측정해야 할 것이 꽤 많다. 강수량, 증발산, 지표수의 유출입, 지하수플럭스 등이 기본적으로 조사되어야 하며, 해안습지의 경우는 조수(tides)의 영향도 포함되어야 하고, 큰 호소, 예를 들어 오대호(Great Lakes) 연안의 습지 수문을 계산하는 경우라면 세이시(seiches) 영향도 고려해서 물수지를 계산해야 하는 것이다. 세이시는 완전히 혹은 부분적으로 닫혀있는 수역에서 만들어지는 정상파의 일종이다. 보통 호수, 저수지, 수영장, 만, 부두, 바다 등지에서 세이시 관련 현상을 볼 수 있다.

내가 사진을 찍는 사이, 이미 미세지형 조사를 위한 토탈스테이션(total station; 각도와 거리를 다 잴 수 있는 일종의 지적측량기)을 들쳐 메고 다음 플롯으로 이동하며 내게서 멀어지던 제레미가 큰 소리로 묻는다.

"식생피복도가 두번째 해에는 60% 이상이 습지식물로 되어야 한다던데 맞지?"

"맞아! 법적모니터링을 통과하려면 맞춰야 하는 조건이지. 그래도 수문조건이 부합해야 하는 게 우선일 꺼야. 법적으로 습지수문으로 인정받으려면 최소 식물성장기의 5%에 해당하는 기간 동안 '연속적으로 (consecutively)' 땅이 범람해 있던가 완전히 젖은 토양상태여야 해."

습지수문조건에 대한 나의 설명은 계속됐다. "버지니아주의 경우에는 공병단이 12.5%로 규정하고 있어…. 대략 1년에 한 25~30일 정도 측정된 습지의 물 수위가 습지표면으로부터 아래로 30cm 이내에 연속적으로 머물러야 한다는 게 규정이지. WSSI 직원이 일러주었는데 30일 정도를 기준으로 모니터링 한다고 해."

제레미가 약간 의아해하며 또 묻는다 "만약에 하루이틀 정도 물 수위가 -30cm 보다 더 낮아지면?"

"안되지. 그게 현재는 규정이니까." 그의 표정이 뭔가 복잡해 보인다. 좀 이해하기 어렵다는 듯.

"알아, 나도 좀 의아하긴 해. 하루이틀 지하수면이 습지표면과 30cm 이상 멀어졌다고 갑자기 습지가 육상이 되는 건 아닐 테니까. 이건 법적모니터링을 위해서 일정한 지침을 만들다 보니까 그렇게 정한 것 같긴 해. 심사를 위해 일련의 과거 경험을 토대로 만든 규정인 것 같아. 그래도 약간 의문의 소지가 있긴 하지."

제레미는 의아한 게 자신뿐만은 아니었다는 생각에 안도의 얼굴이다.

* * *

"일단 식물성장기만 해도 그렇잖니? 식물 혹은 작물생장기는 이 큰 미국땅에 기후조건이 다 다르니 농사를 돕기 위해 경험적으로 정해 놓은 것들이거든. USDA(미 농무부) 웹사이트에 자료가 있을 거야. 나중에 찾아봐. 근데, 식물성장기의 12.5%라는 기준은 일단 식물성장기를 어떻게 정의하느냐에 따라 또 달라질 수 있잖아."

제레미가 맞장구를 친다. "그렇지!"

"식물성장기라는 게 현재는 땅 밑 50cm 정도에서 잰 토양의 온도가 생물학적 제로(Biological zero)라고 해서 섭씨 5도(화씨 41도) 이상인 1년 중 기간으로 정의되어 있어. 그러니까 토양온도 개념을 바탕으로 하는 건데 그건 진정한 식물성장을 바탕으로 한 게 아니잖니? 식물성장기의 정의가 습지의 법적규정들 때문에 지금처럼 쓰이게 된 건데, 계속 변해왔듯이 앞으로도 조금씩 변경될 수도 있을 것 같아. 자, 다음 플롯으로 이동하자!"

＊ ＊ ＊

아침 일찍 조금은 서늘할 때 시작한 모니터링인데도 점점 더 기온
이 오르자 비 오듯 땀을 흘리며 점검해야 할 마지막 플롯으로 향했다.
오후 2시가 조금 넘어서야 설치된 우리의 연구 플롯들과 지하수정들
을 다 확인하고 노스포크 습지은행 지도에 그것들의 위치표시를 하
고 나서 습지은행을 둘러싼 것처럼 보이는 둔덕으로 걸어 올라올 수
있었다. 둔덕이 아니라 내가 보기엔 거의 댐 수준이다. 이건 아직 습
지은행 조성 초기여서 WSSI가 이걸 조성할 때 좀 심하다 싶을 정도
로 욕조 형태로 디자인을 했기 때문이다. 그들의 얘기로는 수리모델
을 돌려 500년 빈도 범람에도 안전할 수 있는 습지은행을 만들었다
는 것이다. 주위가 한창 개발 중인 주택가였고, 바로 옆에 워싱턴 디
시로 향하는 66번 고속도로가 나란히 지나가니까 더 안전하게 하자
고 그리 디자인한 듯하다.

"500년 빈도 범람을 대비한 거라구(500 yr flood)?" 제레미가 놀란
표정을 하며 다시 묻는다. "안전은 하겠네, 하하." 자신도 WSSI가 과
도하게 디자인한 것 같다고 생각하는지 한마디 던진다.

"내가 수업시간에 100년 빈도 홍수에 대비한다고 둑과 제방을 쌓
은 농부이야기 해준 거 기억나지?"

"아! 맞아. 기억나. 어느 해에 100년 빈도 홍수피해로 작물손해

를 본 농부가 돈을 엄청나게 들여 제방높이를 더 높이고 나서 앞으로 100년은 끄떡없다고 자만했다가 몇 해 안되서 또 100년 빈도 홍수가 나서 제방 다 무너진 거, 맞지?"

강의내용을 잘 기억하고 있는 그다. "그래, 그 이야기. 100년 빈도 홍수대비 제방이네 댐이네 하는데, 100년 빈도 홍수 개념을 잘못 이해하고 있었던 거지. 100년 빈도 홍수란 주기(frequency)를 말하는 게 아니고 그 홍수의 강도(intensity)로 말하는 것이거든! 그런 강도 혹은 규모의 홍수가 일어날 확률은 매년 여전히 1% 라는 것을 이해하는 게 중요하지."

* * *

"배 너무 고파." 제레미가 마지막 남은 물병을 비우고서 한마디 한다.

"나두! 가면서 주유소 들러 물도 사고 샌드위치도 사자! 난 항상 스낵바 몇 개는 가방에 넣고 다니는데, 오늘 아침 일찍 나오느라 챙기는 걸 까먹었네."

어깨를 으쓱하자 재촉하던 그가 이미 운전석에 자리잡고 앉아 있다. 바지의 흙을 털고, 장화는 차 트렁크에 쑤셔 넣고, 나도 얼른 차에 탑승했다. 후진해서 천천히 진흙길을 통과하고 나오니 포장길이다. "Let's go! We are done for the day!(오늘 하루 일과 끝!)"이라고 외치는 제레미가 엑셀을 밟자 나도 덩달아 "Let's go!" 출발이라 외치며 신나게 습지를 빠져나왔다.

＊ ＊ ＊

미세지형이 식물군집다양성과 토양영양소에 미치는 영향을 제레미의 석사논문 주제로 잡고 시작한 내 실험실의 첫 프로젝트는 미국 국립수자원센터의 연구비를 지원받게 되었고, 나름대로 의미있는 데이터를 모으는 데 성공했다. 나와 함께한 제레미의 석사학위 연구는 해당 분야 국제저널에 두 편의 논문으로 출판되었는데, 이건 석사과정 학생으로서 다른 어떤 미국대학의 환경프로그램 소속 대학원생들과 비교해서도 뒤지지 않는 성과였다. 첫 논문이 출판됐을 때 부둥켜안고 기뻐했던 기억은 지금도 생생하다. 지도교수로서 첫 성과여서 더 뿌듯했다.

노스포크 습지은행은 WSSI가 조성한 어느 습지은행보다 큰 규모였는데 면적이 125에이커(대략 50만 m² 정도)에 달하며 습지 외에도 개방수면인 부분과 육상완충지역을 포함해 고도로 연출된 다양한 신흥생태계(novel ecosystem)이기도 했다. WSSI 같은 회사에 땅을 판 사람은 그 땅이 습지은행으로 조성되면서 다른 형태의 개발은 일체 하지 못하게 영구적인 보존이 되는 쪽으로 계약을 하게 되니 세금혜택도 받은 것으로 알고 있다. WSSI가 땅을 매입해 습지은행으로 조성하고 공병단으로부터 크레딧을 받게 되면 크레딧을 판매한 수익이 회사의 소득이 되는 것이다. 5년간의 법적모니터링을 끝내고, 습지은행으로부터 얻은 크레딧을 모두 판매한 후 마이크는 미국 보이스카웃 연맹에 노스포크 습지은행을 기부했다. 보이스카웃 연맹은 아이들의 야외활동 및 훈련지로 중세 유럽의 성 같은 건물 하나와 행정관리동 하나를 지은 것 외에는 노스포크습지를 그대로 보전하면서 1년에 한두 번 레크리에이션 형태의 모임을 하는 장소로 사용하고 있다. 그러면서도 우리가 계속 과학적 모니터링이나 수업을 위해 습지를 사용할 수 있게 해주었다. 어느 여름날 모니터링을 끝내고 나오다 보니 보이스카웃 제복을 입은 아이들과 부모들로 가득했다. 어릴 때 보이스카웃인 아이들이 지나가면 그 제복 때문에 은근히 부러워했던 나의 모습이 잠시 스쳤다.

습지은행으로서의 역할을 다하고 나서(즉, 개발활동으로 훼손 및 파괴된 습지의 면적에 해당하는 습지가 대체 및 복원된 것) 커뮤니티와 아이들의 환경 교육장소로도 활용되는 습지의 모습은 참 인상적이었다. 한편 복원 모델이었던 버지니아의 습지숲(palustrine forested wetland)처럼 나무를 심은 습지였기 때문에 WSSI는 법적으로 요구된 5년간의 모니터링을 마치고도 더 오랜 기간, 즉 20년 정도는 모니터링을 해야 한다고 공병단을 설득하였고 결국 허가를 얻어 늘어난 모니터링 기간만큼 더 많은 크레딧을 얻었다는 이야기를 나중에 듣기도 했다.

* * *

박사과정 학생이었던 클라라의 연구는 두번째 디자인 요소인 '수문학적 연결성(hydrological connectivity)'에 초점을 맞춰 진행했다. 습지를 조성할 때 주변의 하천이나 강 근처로 위치를 선정해 범람 시 조성된 습지가 수문학적으로 연결되게 디자인하는 것이 향후 습지의 생태학적 구조 및 기능발달에 어떤 영향을 미치는지를 보고자 함이었다. 오랜 협력자였던 지질조사국의 연구원과 함께 여러 곳의 습지은행들과 자연습지들을 연구지로 지정하고 시작했다. 제레미와는 할 수 없었던 다양한 조사들을 지질조사국의 잘 갖춰진 실험실을 이용해 실현할 수 있었던 연구이기도 했다. 마침 노스포크 습지은행을 조성하고 자신감을 얻은 WSSI는 바로 불런 습지은행(Bull Run Mitigation Bank)을 조성하게 되는데 이 조성습지는 불런(Bull Run, 버지니아에서 하천을 'run'이라고 부른다)과 일정 정도 수문학적 연결이 되게끔 설계되어 조성되었다. 불런은 불런산(Bull Run Mountain)의 한 개울에서 시작되어 오코칸강(Occoquan River)으로 흐르는 하천인데, 그 시작점에서 멀지 않은, 사람이 바지를 무릎까지 걷어올리면 가볍게 건널 수 있는 지점의 땅을 매입해 조성된 습지은행이었다. 비가 많이 와서 하천의 물이 불어나면 그 일부가 둔덕 아래쪽에 습지의 표면과 거의 비슷한 높이로 설치한 파이프를 통해 유입되게 해놓았다. 어찌보면 콩팥습지공원에 있었던 대체습지인 빌라봉과 유사한 접근방식으로 조성된 것이었다.

그 당시 지도 중이던 여러 석박사과정 학생들과 $10m^2$ 넓이의 연구플롯을 수문학적 연결성이 높은 곳에서 낮은 곳까지 골고루 설치하고, 각각의 플롯을 4개의 격자로 나눠 그 안에 다시 토양 및 물 등을 샘플링할 수 있는 지침을 만들었다. 그때 석사과정 학생이던, 아홉 살 때 가족과 함께 볼리비아에서 이민 온 클레어도 내 연구실 팀원의 하나로 활발히 참여하고 있었다. 클레어를 통해서는 같은 연구지에서 습지토양의 미생물 군집구조를 조사하는 연구도 진행했는데, 당시 지질조사국에 근무했던, 현재는 나사 우주생물학(NASA astrobiology) 팀의 디렉터를 역임하고 있는, 메리 보이텍(Mary Voytek) 팀과의 협력연구였다. 최신의 방법을 기존연구에 적용해 보고자 함이었고 생명공학 회사의 미생물관련 실험실에서 잠깐 일했던 클레어의 경험도 살려보려 한 의도였다.

클라라의 연구에서는 수많은 수문학적, 그리고 질소와 인 순환에 관련된 토양영양소 순환율을 측정했다. 그 결과 수문학적 연결성이 있는 혹은 높은 습지가 유입되는 질소 및 인 영양소의 양도 많고 습지 내에서 그 물질들의 프로세스들도 더 활발한 것으로 밝혀졌다. 특히 습지의 수질정화능에 중요한 탈질화 및 전반적인 질소의 전환도 수문학적 연결에 긍정적인 반응을 보였다.

습지은행을 조성하고자 매입한 땅이 늘 하천 옆이거나 지하수의 연결이 활발한 곳일 수는 없다. 그러나 위의 연구에 기초해, 그런 부지를 찾을 수 있다면 그렇게 하는 것이 조성된 습지의 기능이 더 빨리 발달되게 하는 데 도움이 될 수 있다는 점이 연구결과가 시사하는 바였다. 수많은 환경회사들이 습지조성에 뛰어들었던 시절이었고 또 습지수문의 통제를 쉽게 하기 위해 앞서 언급했던 욕조식 디자인으로 습지를 만들곤 했다. 물론 그렇게 조성된 습지 중에서도 훌륭하게 대체 및 경감습지(mitigation wetland)로서의 역할을 다한 경우도 많았다. 그런데 설계 및 조성 시 조금 더 복잡해진다 하더라도 수문학적 연결성을 살리는 디자인을 한다면 더 많은 물 및 토사 그리고 그 토사와 함께 유입되는 영양소들로 인해 습지생태계의 발달이 보다 활발하게 진행될 수 있음을 염두에 두어야 할 것이다. 특히 습지은행뿐만 아니라 많은 조성습지들의 토양은 영양소가 극히 부족한 경우가 대부분이다. 비옥한 땅이 습지조성을 위해 매입될 수 있는 경우가 얼마나 되겠는가? 물론 한 가지 '주의'해야 할 점도 있다. 우리의 연구는 습지의 수질개선능을 최적화한다는 목적에 부합해야 한다는 점! 즉, 가끔 습지복원의 목적이 수질개선이 아니라 식생다양성과 다양한 야생동물서식처를 위한 것이라고 한다면 수문학적 연결을 되려 제한해야 할 경우도 있을 수 있겠다. 너무 많은 토사 및 영양소의 과다유입은 식생단종화를 초래할 가능성도 있기 때문이다.

* * *

위의 연구를 함께 했던 클라라는 현재 미국의 한 대학에서 교수로 재직 중이다. 이 글을 쓰면서 그 시절을 떠올려 보니, 정말 많은 일들이 주마등처럼 스친다. 박사과정 반쯤 왔을 때 자격시험이라고 있는데, 박사논문 심사위원회에서 충분치 않다고 한번에 통과가 안되자 아이가(그때는 아이나 마찬가지였으니) 울며 뛰쳐나가 내가 한참을 캠퍼스 건물 밖에서 찾았던 일, 그리고 몇 시간을 다독거리고 다시 해보자고 했던 일, 마지막 순간, 졸업식에 참석하지 않고 다른 주로 가게 되어

내겐 첫 박사였지만 직접 후딩(hooding)을 해줄 수 없었던 아쉬운 순간들…. 그녀는 떠나고 한참을 연락이 없다가 2~3년이 지난 어느 날 이메일로 불쑥 내게 인사를 보내왔었다. 자신이 교수를 해보니 깨달았는지, 편지 끝에 대문자에 볼드(bold) 폰트로 "정말 감사했습니다."라고 써 보낸 것이었다. 내게 지도학생 1세대라고 할 수 있었던 여러 학생들, 모두 습지은행으로 조성된 습지들을 자신의 학위논문연구에서 각기 다른 주제로 나와 함께 했다. 각자 다 다른 배경과 목적을 가지고 대학원에 진학해 수업을 통해서 나를 만나고 지도학생이 된 이들이다. 이 가운데 아직도 북버지니아 및 워싱턴 디시에 근무하는 몇몇 졸업생들은 일년에 한 번 정도는 안부를 묻거나 내 수업에 게스트로 오기도 한다. 요즈음도 가끔 차를 운전해 66번 고속도로를 지날 때면 언급했던 습지은행들을 지나치게 되는데 그들과 함께 한, 교수로서의 성장기 시간들의 기억이 되살아 나곤 한다.

가르쳐 보지 않으면 배움은 절대 완성되지 않는다. 그러니 내게 가르칠 수 있는 기회를 허락한 이 학생들은 또한 나의 스승이기도 하다.

7장

리듬 속의
그 춤을 1

"아악!"

왼팔 위쪽을 뭔가가 아프게 치고 땅에 떨어진다. 돌이다! 또 하나
는 다행히도 내 바로 앞 나뭇가지에 걸렸다. 머리에 맞을 뻔 했다. 너
무 놀라서 고개를 돌리니 길 건너편, 10대들로 보이는 아이들 세 명
이 돌을 집어 들고 있다. 충격으로 몸이 얼어붙었다. 너무 순식간에,
무방비 속에 일어난 일이라 심장이 쿵쾅거리는 소리가 들렸다. 한 명
이 벌써 또 다른 돌을 내 쪽을 향해 던졌다. 다행히 발 아래 떨어졌다.
있는 힘을 다해 그들을 향해

"What are you doing(뭐하는 짓이야)?"라고 소리치자

"Throwing stones at you(너한테 돌 던지고 있잖아)!"라고 맞받으며
멈출 생각이 없어 보인다.

"Why? Stop! Stop! Please~(왜? 멈춰, 제발)!"

"*You don't belong here*(넌 이곳에 속하지 않아)!"

돌과 함께 날아온 그들의 고함소리였다. 이렇게 악을 쓰며 계속
돌을 들고 길을 건너 겁에 질린 내 쪽으로 다가오는 아이들을 막은 것
은 바로 옆 허름한 건물에서 나타난, 큰 몸집의 여인이었다. 십대 아

이들의 엄마뻘은 되어 보이는 이 여인이 소리치며 아이들을 쫓아내지 않았다면 난 정말 큰 봉변을 당했을지도 모른다. 여인의 고함소리에 아이들이 흩어지고 나서야 정신을 차리고 고개를 돌려 *"Thank y…"* 말을 하려는데, 내 말이 끝나기도 전에 나를 흘깃 한 번 쳐다보곤 휑하니 안으로 들어가 버린다. 10미터 정도만 더 가면 내가 새로 렌트한 조그만 아파트 입구인데 한동안 걷지 못할 정도로 다리가 후들거렸다. 돌아보니 주위에 아무도 없다. 깊게 여러 번 숨을 들이마시고 내뱉으며 마음을 진정시키는 그 장면 속의 내가 지금도 또렷이 기억 속에 있다.

* * *

박사학위를 받은 후 미국에서는 고향 같았던 오하이오 콜럼버스를 떠나 2년 계약의 포닥연구원으로 첫 직장인 일리노이대학교 (University of Illinois at Urbana-Champaign)가 있는 어바나(Urbana)로 이사온 지 일주일도 채 안돼서 일어난 일이었다. 그때만 해도 이제 막 핸드폰이 보급되기 시작한 시기라 나를 포함한 많은 사람들이 핸드폰을 가지고 있지 않았다. 지금 생각해 보면 핸드폰이 있어 경찰에 전화했더라도 크게 달라질 상황은 아니었겠다 싶다. 혼자 씩씩하게 미국까지 와서 학위도 잘 마쳤는데, 중서부 내의 또 다른 주로 이사하는 게 그다지 큰 일은 아니라고 생각했다. PTSD(외상후 스트레스 장애)라고 지금처럼 떠들지 않던 그 시기에도 꽤 오랫동안 힘들었던 기억이다. 그날 밤을 지새우며 잠을 이루지 못했던 것은 그 철없는 10대들에 대한 분노나 화 때문이 아니었고, 또한 나를 흘겨보고 사라진 그 여인네 때문도 아니었다. 놀라긴 했으나 일어난 일은 그저 불행한 (unfortunate) 해프닝이었고, 그제서야 내가 단 한 명도 아는 사람이 없는 새로운 곳에 온 것을 다시 한번 느끼는 순간이었다. 또한 이런 일은 누구에게나 일어날 수 있는 일이지만, 일어날 수밖에 없었던 상황에 대한 큰 슬픔과 안타까움으로 복잡해진 마음 탓에 잠을 이루지 못했던 것 같다. 이방인으로서 시작부터 순탄치 않은 이 삶이 또 날 어디로 데려갈까 하는 알 수 없는 두려움에 새벽이 밝아오고 있었다. 커피를 내리면서 유학 떠나기 며칠 전 한국의 집 마루에서 찍은 가족사진을 물끄러미 바라보고 있었다.

박사학위 과정을 막 마치고 몇 달 더 콩팥습지 연구공원에서 일하면서 포닥 자리를 열심히 찾고 있었다. 여전히 외국학생 신분이었기에 아무것도 안 되면 1년 후엔 한국에 돌아갈 수밖에 없는 상황이었다. 그러던 중에 캘리포니아주립대 UCLA의 수생태학자 두 명의 초청으로 전화인터뷰를 하게 되었다. 군사활동으로 오염된 습지 및 토양 복원이 주제였던 연구과제는 내가 해당 군사기지에 들어가 일할 수 있는 자격을 필요로 했다. 즉, 미국시민이거나 최소한 영주권자여야 된다는 조건이었다. 고용하려던 교수 두 명도 이걸 나중에 알게 되어 미안하다며 연락을 해왔다. 캘리포니아라는 새로운 환경에서의 연구경험에 대한 나의 기대가 물거품이 되어버리는 순간이었다. 낙담하고 있던 중에 일리노이대학교의 포닥 자리가 난 것이었다. 지원해 놓고 초조한 마음으로 기다리는데 인터뷰를 오라는 연락이 왔다. 박사학위를 마치고 미국에서 처음 하는 잡인터뷰(job interview)에 두려움이 없진 않았지만 마음을 다잡고 준비했다. 그리고 6시간 차를 몰아 콜럼버스에서 일리노이대학교가 있는 어바나까지 로드트립을 하게된 것은 2001년 늦은 봄쯤이었던 걸로 기억된다. 더욱이 콩팥습지와는 또 다른 큰 강과 범람원 습지생태계의 복원에 관한 연구라는 말에 더욱 흥분되었던 것 같다. 이 주제는 처음 유학올 때 공부해보고 싶던 주제이기도 했기 때문이다.

＊ ＊ ＊

"창우, 만나서 반가워. 난 립(Rip)이라고 해. 이제 너의 발표를 들어볼까?"

하천과 범람원 생태학자로 모두들 립(Rip)이라고 부르는 리차드(Richard)를 만난 것은 내 인생 혹은 경력에서 또 하나의 의미 있는 지점이었다. 진정한 학자인 그는, 미치 교수에게 배운 도전과 응용 그리고 추진 등의 자세와는 또 다른, 학자로서 문제에 꼼꼼하고 신중하게 접근하는 태도와 검소한 삶의 자세를 몸소 보여 준 스승이었다. 범람원 프로젝트는 다양한 분야의 사람들과 '함께' 일해야만 '하천복원' 같은 생태계복원이라는 '일'이 가능하다는 것을 배운 시간이기도 했다. 내 발표를 듣기 위해 이 프로젝트에 참여하고 있는 타 학과의 다양한 교수들이 참석했다. 도시 및 지역계획학과에서 두 명, 경제학과에서 한 명, 미 공병단에서 두 명의 연구원(일리노이대학교는 샘페인과 어바나 두 도시에 걸쳐 있는데 샘페인시에 미 공병단의 유명한 건설공학연구소인 U.S. Army Construction Engineering Research Laboratory가 자리잡고 있다), 립과 함께 일하는 미 해병대 출신의 수석연구원 데이비드, 그리고 관심 있어 세미나를 들으러 온 학생들 여러 명이 있었다.

조금 긴장했지만 발표를 잘 마쳤다. 그 다음날 아침식사 자리에서 만난 립과 데이비드는 내게 함께 일해 보자는 제안과 함께 곱게 봉해지고 학교로고가 새겨진 하얀 봉투를 건넸다. 고맙다고 여러 번 악수를 하고 다시 호텔로 돌아와 봉투를 열어보니, 미 과학재단과 세계적인 보전기관인 네이처컨서번시(The Nature Conservancy)가 반반씩 지원하는 포닥 자리의 계약서였다. 첫 직장을 갖게 된 것이니 신나서 호텔방에서 펄쩍펄쩍 뛰었던 것 같다. H-1B 비자를 얻고 미국에서 정식으로 일을 하게 되었다는 것과, 또한 당분간은 비자만료로 한국으로 돌아가야 할지도 모른다는 걱정이 사라진 것에 대한 안도의 한숨과 함께.

"창우 이게 네 사무실이야." 출근 첫날 데이비드는 나를 조그만 사무실로 안내했다. 삼촌뻘은 되어 보이는 나이의 데이비드는 립보다는 어렸지만, 연구원으로 오랜 경력을 쌓은, 처음엔 좀 딱딱한 말투의 사람이었다. 2년 후 내가 조그만 승용차에 이삿짐을 가득 싣고 혼자 버지니아를 향해 길을 나설 때 눈물을 보이며 뒤에서 오랫동안 손을 흔들고 있을 만큼 마음이 여리고 따뜻한 사람이라는 것을 아는 데는 그다지 많은 시간이 걸리지 않았다. 캠퍼스의 MBA 프로그램 모집원으로 일하는 부인과 단둘이, 자녀 없이 사는 그는 나이가 많은 아버지를 늘 챙기는 착한 아들이기도 했다.

"내 사무실이 있다는 게 믿기지 않네요. 처음이에요!" 창문까지 있는 사무실이라 더 감격했던 것 같다. 방문을 닫으며 "같이 프로젝트 성과 많이 내보자!"라고 씩 웃으며 데이비드가 나가자 나는 오래된 철제책상 하나, 책꽂이 하나, 의자 두 개, 서류 캐비닛 그리고 옷걸이 하나가 비치된 작은 나의 첫 사무실이 신기해 계속 둘러보고 있었다. 오래된 가구에서 특유의 냄새들이 났다. 일리노이대학교 캠퍼스는 아름다웠다. 중앙에 있는 잔디밭은 충분히 학구적이며, 공대를 비롯해 전공분야가 세계적인 수준으로 인정받는 연구중심 대학이다. 허나 캠퍼스를 벗어나 5~10분 정도만 운전하면 콩밭과 옥수수밭이 끝없이 펼쳐지는 전형적인 미국 중서부의 농경지대이다. 시카고까지는 쉬지 않고 몰아도 2시간 반 혹은 교통상황에 따라 3시간 정도 걸릴 때도 있었던 것 같다. 그곳에 있는 2년 동안 시카고를 세 번 정도밖에는 가지 않았다. 막상 대도시가 보고 싶어 차를 달려 가도 주차비만도 어마어마하게 비싼 시내라 크게 내키지 않았는지 모르겠다.

* * *

한국식으로 생각하면 깡시골이었지만 대학이 엄청나게 크다 보니 시카고를 찾는 훌륭한 연주자나 공연자들이 대학 공연장까지 오는 일도 많았다. 게다가 2년 동안 숨통을 트여준, 결국 나중에 문을 닫고 말았지만, 조그만 독립영화상영관도 샘페인(Champaign)에 있어 돌아보면 외로웠던 그곳에서의 2년을 버티게 해주었다. 데이비드의 추천으로 알게 된 어바나에 있는 도서관도 시간이 되면 주말에 자주 찾았던 곳으로 수많은 책과 영화들을 무료로 빌려 볼 수 있는 곳이었다. 지금은 유명을 달리했지만, 미국에서 영화평론가로 유명한 로저 에버트(Roger Ebert)는 이곳 어바나 출신으로 특히 어바나 도서관에 여러 번 와서 강연을 했던 사람이다. 내 나이 또래의 미국사람이면 그가 진행하는 TV의 영화 프로그램을 한번이라도 보지 않은 사람은 없을 것이다. 그는 영화를 소개하곤 늘 'thumbs up(강추)' or 'thumbs down(비추)'을 외치곤 했는데 넉넉하고 선한 인상의 그는, 내가 오래전 어린아이였을 때 늘 주말의 명화극장을 예고하던 정영일 선생의 미국판이다. 뿔테안경을 쓴 모습마저 사뭇 비슷하다.

지금 생각하면 꼭 필요했던 시간이었지만, 외국인으로서 새로운 곳에서의 정착이 쉽지는 않았다. 더 이상 학생이 아니니 수업에서 쉽게 사람을 만나 친구를 사귈 수도 없었고, 그렇다고 어울릴만한 대학원생들이 주위에 있던 것도 아니었다. 프로젝트의 주관기관인 일리노이 수자원센터에 있는 사람이라고는 나 빼고는 모두 교수들이었다. 난 그들 사이에서 가교역할을 하면서 프로젝트에서 가장 성과를 많이 내야 하며 대부분의 시간을 혼자 일하는 포닥연구원일 뿐이었다. 또한, 개인적으로도 내가 누구인지 어떤 삶을 살아야 할지에 대한 깊은 고민도, 마치 박사과정 중에 미뤄 놓았던 숙제였던 것처럼, 나를 덮치는 시간이기도 했다. 그러나 그때 그 2년의 시간 덕에 교수가 되고 지금의 내가 되었으니, 어느 순간 하나 소중하지 않은 것은 없다. 그리고 옷깃만 스쳐서 기억조차 나지 않지만, 이 외로운 이방인에게 잠시라도 따뜻하게 대해 준 수많은 영혼들에게 늘 감사한 마음이다.

좋아하는 작품이나 사람들은 많지만 '내가 누구누구 연예인의 팬이다'라고 딱히 말할 사람은 많이 없는데 딱 한 사람, 김완선, 그녀의 팬이다. 동년배인 그녀가 자신을 재정비하고 돌아온 2010년대부터 그녀의 찐팬이 돼서 늘 마음으로 멀리서나마 그녀를 응원하고 있다. 최근 한 TV프로그램을 통해 그녀의 진가가 재발견되어 제2의 전성기를 누리는 것 같아 흐뭇하다. 특히, 같이 재조명되며 진가를 발휘하는 그녀의 곡이 '리듬 속의 그 춤을'이다. 한국의 전설적인 기타리스트 신중현이 만든 이 곡은 코드나 진행방식이 예사롭지 않아 수십 번을 들어도 질리지 않는 명곡이다. 가사는 또 얼마나 멋진가? "리듬을 춰 줘요. 멋이 넘쳐 흘러요. 리듬 속에 그 춤을~"

자연에는 리듬이 있다. 생명활동을 가능케 하는 리듬, 삶을 지탱하고 영속케 하는 리듬…. 이 리듬이 사라지는 순간, 신명나는 생명의 춤사위는 더 이상 없다.

　역사적으로나 문화적으로 살펴보면 인간의 삶과 문화의 태동, 특히 농업의 시작은 범람원 하천이 가지는 리듬 덕이다. 규칙적인 범람으로 비옥해진 땅에서 자라는 식물들은 식량이 되었고, 그 리듬에 맞춰 재배하고 수확한 식량을 통해 가족과 마을을 만들고 사회가 형성되기 시작한 것이다. 그러나 지난 100여 년 조금 넘는 짧은 기간에 인간의 무분별한 개발과 간섭으로 인해 생긴 교란들로 자연의 전형적인 리듬이 변형되고, 깨지고, 사라졌고, 그로 인해 생태계가 우리에게 베풀어 온 생태계서비스와 그것을 가능케 하는 생물다양성에도 큰 손실이 생겼다. 2021년 유엔은 '생태계복원 10년(UN Decade on Ecosystem Restoration, 2021~2030)'이라고 특별히 선언하기에 이르렀다. 2030년은 또한 많은 지속가능발전목표(Sustainable Development Goals, SDGs)의 종료시점이며 과학자들이 예측하는 재앙적 기후변화를 막을 수 있는 마지막 기회의 시간이기도 하다. 생태계복원은 해가 뜨고 지는 그 리듬에 맞춰 일어나는 자연의 모든 생명현상에 대한 이해가 선행되어야 하는 일이다.

　사람이 몸이 아플 때 병원에 가면 의사가 가장 먼저 하는 일이 '맥'을 재는 일이다. 의사는 청진기를 가슴에 대고 숨을 보통으로, 또는 크게 들여 마셔볼 것을 지시하면서 심장의 박동을 살핀다. 한의원에서도 진맥을 본다. 흐르는 물에도 '맥(pulse)'이 있다. 큰 하천과 범람원 생태계의 모든 생명활동과 에너지 흐름은 이 자연적 맥동에 기반하고 있다고 해도 과언이 아니다. 자연의 이런 패턴들을 모니터링하고 찾는 일도 생태학이 하는 일 중 하나다. 특히 수리생태학(hydroecology) 혹은 생태수리학(ecohydrology)은 그런 일에 특화되어 발달한 생태학의 또 다른 분야이기도 하다.

지난 한 세기 넘게 전 세계적으로 범람원을 농경지로 전환해서 하천으로부터 팔다리를 잘라내기 전까지는 하천과 범람원이 하나의 몸이었다. '범람의 맥동(Flood pulse)' 개념은 하천과 범람원 사이의 횡적인 에너지와 물질순환에 대한 이해를 기반으로 하천의 생태를 범람을 통해 물로 연결되는 범람원과 함께 확장된 땅으로 이해하는 중요한 개념이다. 립은 영크(Junk) 박사, 베일리(Bayley) 박사와 함께 이 '범람의 맥동 개념(Flood pulse concept)'을 만든 장본인이기도 하다. 매년 하천의 수심이 높아졌다 낮아졌다 하는 그 규칙적인 흐름의 반복은 하천과 범람원의 동식물상이 적응해 온 근본적인 '생태학적 리듬'이다. 이 리듬의 특성을 이해하는 것이 지난 100여 년 인간의 개발과 많은 규제들로 인해 바뀌어 온 강물 흐름을 복원하는 일에 가장 기초가 되는 것이다.

범람의 맥동이라는 리듬은 하천의 물고기를 춤추게 하고, 범람원의 습지식물들이 신명 난 춤으로 단백질이 가득 찬 씨앗을 생산하게 하며, 그걸 먹고 기운을 낸 철새들이 선을 넘는(정치 지리학적 경계를 가로질러), 그들의 숙명과도 같은 긴 여정을 완성하게 한다.

* * *

포닥연구원으로 참여하게 된 프로젝트는 미국과학재단의 연구비 지원을 받은 '큰 범람원 하천의 전략적 복원 - 통합적 분석(Strategic Renewal of Large Floodplain Rivers: Integrated Analysis)'이었다. 그때까지 미국에서 시도되었던 중 가장 규모가 큰 범람원 하천복원을 위해 수문학, 생태학, 경제학의 통합된 모델을 만들고 여러 대안책을 내어 놓는 것이었다. 난 모델러는 아니었지만 박사논문의 마지막 장을 생태 모델링 저널에 발표한 논문이 이 프로젝트에 고용되게 한 결정적 역할을 했는지도 모르겠다.

이 범람원 하천 프로젝트가 대상으로 한 지역은 에미퀀(Emiquon)이라 불리는, 7,000에이커(약 2,800만 m²)에 달하는 agricultural levee district, 즉 하천에 제방을 쌓고 농경지로 조성해서 지난 100년간 농사를 짓던 곳이다. 보전단체인 네이처컨서번시가 18.5백만 달러에 사들여 직접 복원하기 위해 예비조사 및 연구를 막 시작하던 곳인데, 2004년 9월 27일자 『뉴욕타임스』 기사가 다음과 같은 제목으로 그 배경을 자세히 설명하고 있다. 'Future of Illinois Farm may lie in its swampy past(일리노이 농업의 미래는 스웜프였던 과거에 달렸다)'

"창우, 프로젝트 미팅 가자." 데이비드가 부르는 소리에 돌아보니 내가 온 후 모든 연구자들이 함께 모이는 첫 회의 시간이다. 새로 수리를 한 아파트가 있어 방 하나인 집을 임대하고, 얼마 안 되는 짐이지만 아직 정리도 끝나지 않는 상태였다. "창우, 어떻게, 정착은 잘 되어가니?" 립도 이제 며칠 안 된 일리노이 생활을 묻는다. 립은 일리노이대학교 산하의 일리노이 자연사조사국과 일리노이 수자원센터의 디렉터도 역임했다. 그는 생태계복원은 새로운 기술과 지식, 사회적 선호 및 법과 규정 변화에 맞춰 상황에 따라 계획 수정이 필요하다는 '적응형 관리(adaptive management)의 원칙'을 강조했던 버지니아공대의 환경생물학 분야 석학인 존 케언즈(John Cairns Jr.)의 제자이기도 했다. 나중에 알았지만 립도 그의 스승 존처럼 퀘이커(Quaker)적 삶의 철학을 몸소 실천하며 검소한 삶을 사는 사람이었다. "검소하게 살아. 그래서 다른 사람들도 죽지 않고 살 수 있게!(Live simply so others may simply live)"라는 글귀가 말하는 것처럼!

관련자료들을 미리 살펴보고 왔으나, 회의를 통해 프로젝트의 전반적인 배경을 더 자세히 이해할 수 있었다. 오하이오강 및 미주리강과 함께 미시시피강 상류구역의 주요한 지류 중 하나인 일리노이강이 프로젝트의 대상이다. 일리노이강은 유역면적이 약 75만 km²에 이르는 큰 강이다. 일리노이강을 대상으로 하는 복원계획을 짜는 우리 프로젝트의 성과물은 특히 상류 미시시피강 전체의 복원과 관리에 직접 연결되고 적용될 가능성이 있다. 일리노이강은 유명한 '미시시피 철새이동경로(the Mississippi Flyway)'의 한 부분으로 북미의 새들 중 40%에 해당하는 많은 다양한 물새와 도요새들에게 중요하다. 하지만 자연적인 범람맥동이 사라져 연중 일리노이강 수위는 들쑥날쑥 변덕스러워졌고 과거의 자연스런 패턴을 찾아볼 수가 없다. 미국에서 지난 100년 동안 큰 강들의 수리수문은 유역 내의 도시 및 농경지 개발로 크게 바뀌었다. 특히, 상업적인 해운을 위한 락앤댐(locks and dams) 건설과 범람원의 농경지 전환을 위해 높이 쌓아 올린 제방들이 그 변화의 주원인들이다.

* * *

일리노이강도 예외 없이 하천 연장 길이의 절반 이상에 제방이 놓여 범람원이 잘려 나갔다. 또한 생산된 콩과 옥수수와 같은 작물을 뉴올리언스까지 수송하는 바지선의 운항을 위해 본류 곳곳에 댐이 건설되었다.

오른쪽 그래프는 일리노이강에 놓인 많은 락앤댐과 제방 건설 전후 달라진 연중 강수위의 변화를 보여주고 있다. 과거 일리노이강은 봄에 범람이 있고 여름으로 이어지면서 꽤 안정적인 낮은 수위를 유지했었다. 그러나 지금은 이 그래프에서 보듯이 여름에도 수위가 높아지기도 하면서 변동적이다. 계절적으로 봄에 일어나는 범람 후 습지식물 생장기가 시작되는데 물에 젖은 땅이 드러나면서 습윤토양식물(moist soil plants)의 발아와 생장이 이루어진다. 이 식물의 씨앗은 대부분 단백질 함량이 높아 장거리를 여행해야 하는 철새들에게 꼭 필요한 먹이가 된다. 그런데, 이 식물군들이 변화된 강의 수문으로 인해 시도 때도 없이 찾아오는 범람으로 생장 중에 침수되어 죽거나 아예 발아할 기회를 갖지 못하는 것이다. 그렇게 되면서 서식지인 범람원 습지 자체가 사라져 간다. 식물이 없는 곳에 동물이 살리가 만무하다.

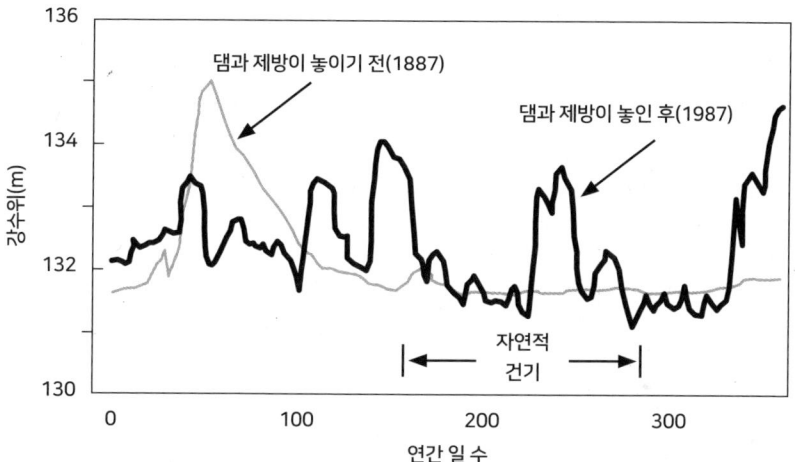

일리노이강의 댐과 제방이 놓이기 전과 후, 즉 100년간의 개발 전후의 수위변동을 보여주는 그래프. 댐과 제방이 강에 놓이기 전에는 일리노이강은 일정한 수위패턴이 있었다. 봄 시즌 범람이후 여름 식물생장기에는 자연적 건기가 유지된 것이다. 그러나 댐과 제방이 놓인 지금은 강의 수위변동이 일년내내 들쑥날쑥하며 자연적 건기가 사라지고 말았다.(출처: Ahn et al., 2004)

* * *

북미가 원산지인 습윤토양식물 중에 국화과의 볼토니아 데쿠런스 (*Boltonia decurrens*)는 일리노이강과 그 주변에서 주로 자라며 현재 미국에서 멸종위기종으로 지정된 습지식물이다. 다른 종이지만 얼핏 그 모습은 단양쑥부쟁이와 비슷해 보이기도 한다. 늦여름에 꽃이 만발하는 이 식물은 다년생으로 범람맥동의 지표종(flood pulse indicator)이다. 즉, 이 식물이 잘 자란다는 것은 자연적인 범람의 맥동이 살아 있다는 뜻도 된다. 이 식물종과 함께 습윤토양식물로 총칭되는 식물군은 중요한 생태적 기능을 가진다. 식물의 뿌리는 범람과 함께 유입된 퇴적토를 강 가장자리와 범람원 내 형성된 작은 호소들을 따라 안정화시킨다. 이는 퇴적토가 재부유되고 물의 탁도가 증가하는 것을 방지한다. 이 식물들의 씨앗과 뿌리줄기, 덩이줄기 등은 비버나 사향쥐, 그리고 봄과 가을 이곳을 찾는 물새들의 중요한 먹이가 된다.

포브스생물학연구소(Forbes Biological Station)의 오래된 자료에 의하면 일리노이 범람원 하천 시스템에 주로 나타나는 대표적인 습윤토양식물로는 물피, 돌피, 물대마 등의 습지식물들이 보고된다. 예전에는 물새학자들이 이런 조사들을 더 많이 했던 것으로 보이는데, 그건 사냥을 위해 물새들의 먹이가 충분한지를 알아야 했기 때문이었던 듯하다. 다양한 기장 종류들은 곡물로도 그 가치가 잘 알려져 있는 식물이다. 미국의 홀푸드마켓을 비롯 웬만한 식료품점에서 밀가루 대신 글루텐 없는 기장빵(millet bread)을 쉽게 만날 수 있다. 질소를 비롯한 영양소와 물 이용효율도 다른 식물보다 월등하고 잘 자라며 코로나19 와중에는 쌀이나 다른 주류 곡물의 대체제로 미래의 식량 안보를 위한 대안곡물로 언급되기도 했었다. 특히 식물 개체 하나에서 4만 개가 넘는 씨앗을 생산하는 물피는 기장과 마찬가지로 씨앗은 갈아서 밀가루처럼 만들어 쓰고, 줄기는 그냥 채소로도 먹고, 뿌리는 필리핀에서는 소화제로도 달여서 쓰며, 씨앗이 팝콘처럼 튀겨지기도 한단다. 일본에서는 마카로니와 만두를 만드는 데 쓰여진다고도 알려져 있다. 씨앗을 잘 덖어서 카페인 없는 커피콩처럼 사용할 수 있다고도 하니 범람원의 습지식물이 원래 곡물로서 가졌던 가치가 이해될 것이다.

* * *

미국 어류 및 야생동물국(US Fish and Wildlife Service)이 운영하는 차타쿠아 국립 야생동물 피난처(Chautauqua National Wildlife Refuge)는 복원대상 범람원이었던 에미퀀의 바로 맞은편에 위치하고 있다. 매년 수십억 원을 들여 철새들을 위한 습윤토양식물들을 인위적으로 재배하고 있다. 특히 피(Japanese millet)는 철새에 필요한 먹이인 단백질 함량이 높고 씨앗을 많이 맺는 식물이다. 콘크리트로 저수지를 만들고 펌프를 이용해 과거의 자연적인 수문리듬을 흉내내 재배하는 것이다. 철새 서식처로서 책임을 다하려니 어쩔 수 없다지만 생각해보면 어처구니없지 않은가? 자연적인 하천의 흐름에서 오랫동안 잘 자라서 철새들의 서식처를 이루는 습지식물을 이제는 인위적으로 화석연료를 써서 키워야 한다는 현실이 말이다. 피는 그 이름에서도 알 수 있듯이 원래 동아시아에서 들어온 식물로 무척 빨리 자란다고 알려져 있다. 지금은 미국 전역에서 이걸 재배하는 곳이 꽤 된다고 들었다. 우리 프로젝트는 어류 및 야생동물국처럼 제방이나 댐 혹은 댐의 운영을 전혀 건드리지 않는, 즉 현 상태에서 해당 습윤토양식물만 어떻게든 키우면 된다는 입장과는 다른 접근을 하고 있었다. 이제 어느 것 하나 인간의 영향이 미치지 않은 곳이 없는 세상이다. 무엇이 자연적인 것이며, 한다면 어떻게 변형된 수많은 절차들의 자연화를 이뤄낼 수 있을까? 회의가 계속되고 더 많이 알아감에 따라 현 상황의 복잡함에 머리가 아파질 무렵, 수자원센터 사무실에 근무하는 앤이 커피와 도넛이 준비되었다며 커피브레이크(coffee break)를 부른다.

* * *

캠퍼스의 더딘 오후시간은 연이어 계속되는 분과별 발표 후 내가 책임지고 해야 할 임무에 대한 의논이 뒤를 이었다. 내 주임무는 미 공병단의 수문엔지니어인 마이크의 데이터와 연동해 다양한 수리수문 조건에 민감하게 반응하는 습윤토양식물의 생장모델을 만들고, 식물의 생장확률을 복원대상 범람원의 면적과 연계하는 것이었다. 도시 및 지역계획학과의 시각화팀을 이끌던 리차드는 나의 결과를 받아 식물의 생장확률과 그 확률을 가지고 복원될 범람원의 크기를 고도에 따라 컬러판 지도로 만들고, 또 한 팀은 우편번호단위까지 쪼개서 범람원 하천복원이 가져올 직업창출효과 및 생태관광효과를 농사를 포기함으로써 잃는 소득 및 일자리 등과 대비해 분석했다. 이렇게 프로젝트 전반에 대한 이해를 갖게 해준 긴 시간의 회의를 마쳤다. 지끈거리며 경직된 목을 주무르면서 타이레놀 두 알을 털어 넣는 하루가 끝나고 있었다. 그리고 집으로 돌아오던 길에 앞서 언급했던 '돌팔매(stonning)'를 겪게 된 것이었다.

밤을 꼬박 새고 출근한 이튿날, 벌건 눈으로 데이비드에게 이런이런 일이 있었다고 얘기했다. 커다란 눈으로 걱정스럽게 나를 묵묵히 바라보며 말을 아끼던 그가 립에게도 보고했는지, 다음날 립과 그의 아내 루스는 나를 점심에 초대했다. 캠퍼스 근처 조그만 아시안 식당이었는데, "I am sorry that you had such experience(그런 안 좋은 경험을 하게 되어 유감이다)." 외엔 아마도, 뭘 어떻게 위로 혹은 얘기해야 할지 몰라 안타까워하는 것 같았다. 그래도 날 불러 동양음식이라고 사주면서 신경 써 주는 그들의 마음이 느껴져 무척 고마웠다. 또한 그이후 데이비드와는 프로젝트 성과공유 및 의논으로 거의 매일 보거나 일주일에 두어 번은 점심도 같이하면서 가까워지고 있었다.

8장

리듬 속의
그 춤을 2

　　스스로도 연구자이자 과학저널 『네이처(Nature)』의 특파원으로 아시아지역의 첨단 과학뉴스를 오랫동안 전해 온 데이비드 시라노우스키(David Cyranoski)가 한국의 4대강 사업에 대한 의견을 구한다며 연락해 왔다. 관련해서 전화 인터뷰를 하게 되었는데 마침 플로리다의 에버글레이즈를 방문하기 위해 공항에서 비행기를 기다리던 날 오후였다. 이미 이메일로 사전질문에 대한 답변을 보냈지만, 통화가 가능하냐고 다시 연락을 해 와서, 바쁜 이동 중에도 공항에서 전화통화를 하게 된 것이다. 그다지 길지 않은 통화였지만, 기사에 실리게 될 내용을 재확인하고 나의 경험을 물었던 것 같다. 일리노이 프로젝트에서 대형댐이 지난 세기 어떻게 물길을 바꾸고 하천 및 범람원 생태계를 변화시켰는지를 배울 기회가 있었던 나의 경험을 간단한 의견으로 대신했다. 그의 기사는 "한국의 수로프로젝트, 반대에 부딪쳐(Korean waterway project gathers opposition)."란 제목으로 2008년 3월 19일자 네이처의 뉴스란에 실렸다. 내 의견은 한국의 다른 전문가들과 미국에서 관련분야에 몸담고 있는 젊은 교수 및 연구자 몇 명의 의견과 함께 실렸다. 한창 뜨거운 감자였던 이슈라 한국 언론에도 뉴스가 나갔던 것을 기억한다.

일리노이강 범람원 프로젝트는 조금 더 시스템적인 접근으로, 범람원의 제방을 허물거나, 작게는 제방에 문을 설치해서 범람원을 다시 강의 수문에 연결하자는 것이었다. 에미퀀을 사들여 실질적인 복원 계획을 세우고 있던 네이처컨서번시(The Nature Conservncy) 쪽도 미 공병단과 그런 방안을 논의 중이었다. 즉, 강 수위가 높아질 때 수문을 열어 강물이 자연스럽게 범람원을 적실 수 있게 한다는 것이다. 물론 네이처컨서번시도 과격하고 갑작스럽게 제방을 몽땅 허문다든가, 댐을 제거하자는(국가 보안시설로 할 수도 없거니와) 얘기를 시작부터 하는 건 아니었다. 그래서 우리 프로젝트에서는 '복원'이 아니라 '자연화'란 단어를 채택했다.

* * *

사실 '복원(restoration)'이란 말이 남용되고 있는데, 정확한 의미는 '본래의 모습 그대로 되돌린다'는 뜻이기 때문에 복원의 현실적인 모습과는 맞지 않는 경우가 많다. '자연화(naturalization)'는 현실적으로 거의 불가능한 복원과는 조금 다르게 그 생태계의 어떤 구성요소들을 조금 더 자연스런 상태로 만드는 것으로 다음과 같이 정의한다. "이미 존재하는 사회적, 경제적인 이용들을 유지, 혹은 향상시키면서 생태계의 어떤 구성요소들을 조금 더 자연스런 상태로 만드는 것."
이쯤에서 내가 수업에서 자주 언급하는 네 가지 용어를 소개

하자면 다음과 같다: preservation, restoration, rehabilitation, and naturalization. preservation은 이미 자연상태에 있는 생태계나 어떤 지역을 손대지 않고 있는 그대로 '보존'하는 것이고, '복원(restoration)'은 미국국립연구위원회(U.S. National Research Council)의 1992년 정의에 따르면 생태계를 교란 전과 엇비슷한 상태로 되돌리는 것이다. '복구(rehabilitation)'는 생태계를 다시 정상 작동하는 상태로 만드는 것이다. 앞에서 이미 소개한 자연화(naturalization)를 포함해 이 네 가지 용어를 다시 들여다보고, 어떤 선택을 할지를 충분히 의논하고 복원계획을 세우는 것도 중요하다.

개인적으로 복원은 생태학이 발전할 수 있는 가장 효과적인 기회라고 생각한다. 대상 생태계가 무엇이건, 복원을 통해 그 생태계에 대한 수많은 지식창출이 가능하기 때문이다. 복원을 하면서 대상 생태계의 구조 및 기능 그리고 이들 간의 관계에 대한 이해가 도출되고 쌓이기도 한다. 또한 복원을 하려면 현실적으로 많은 시간과 자본 그리고 인력이 소요되기 때문에 계획을 잘 세우는 것이 중요한데, 복원의 목적이 무엇인지 분명히 하는 것이 가장 중요하다. '모든 걸 원래대로 되돌린다?' 그건 불가능한 일이다. 그런 터무니없는 생각 말고 궁극적인 목표와 이에 도달하는 데 필요한 구체적인 하부목표들의 설정이 선행되어야 한다. 부서지고 망가진 시스템을 복원하며, 어느 지점(에너지/시간/장소)에서 다시 자기 조직화(self-organization)를 보이는지 연구해 가다 보면 그 생태계의 진짜 모습이 보이기도 할 것이다.

마치 우리 사람이 그런 것처럼…. 아무 일도 일어나지 않은 인생은(그럴 수도 없겠지만) 그 사람이 가진 수많은 잠재력도 발현되지 않는다. 어떤 아름다움 혹은 힘이 내재되어 있는지 알 수 없다. 어떤 일이 일어난 후 많은 에너지와 시간을 통해 재탄생한 모습이 그 사람의 진짜 모습일 수도 있기 때문이다. 교란은 생태계가 가진 진짜 모습 및 잠재력을 끄집어내 줄 수 있는 가능성이기도 하다. 물론 그 과정의 밑바탕에 있는 메커니즘을 연구하고 상세히 기록하는 일은 복원생태학이 해야 할 일이다.

* * *

어디였는지 정확한 기억은 나지 않지만, 남부 캘리포니아에서 있었던 습지복원에 대해 들었던 일화가 생각난다. 원래 목적이 새의 서식처를 복원하는 것이었는데, 식물이 잘 자라나 얼핏 보기에는 복원이 성공한 것으로 생각되었다. 하지만 막상 그 습지에는 목표로 한 종류의 새가 날아오지 않았다고 한다. 연구자들을 어리둥절하게 했던 이 경우는, 복원된 습지식물의 키가 일정 높이 이상 자라지 않는 것이 문제였다. 그 새가 날아와 앉는 특정 높이가 있다는 것이 나중에 알려진 사실이다. 즉, 식물의 키가 어떤 높이 이상이 되지 않으니까 그 새가 오지 않았던 것이다. 이 경우, 복원의 목표가 새 서식처였으므로 복원은 사실상 실패라고 봐야 한다. 그런데 그냥 그대로 두었다면 목적에는 부합하지 못했지만 그래도 복원된 습지로서 또 다른 기능을 했을 텐데, 연구자들이 식물의 키를 더 키워보겠다고 질소비료를 뿌렸다. 그 결과 영양소 과잉으로 식물을 목표치의 높이까지 키우는 것은 고사하고 질소비료의 유출로 해안가에 부영양화만 일으키는 꼴이 되어 버린 것이다. 복원사업 자체가 적응형 관리(adaptive management)가 필요할 수밖에 없다. 이러한 문제는 복원사업 과정에서 배워가는 측면이 있으며 일정 정도는 피할 수 없는 결과의 불확실성과 맞물려 있다.

완벽하지 않다고 혹은 이전의 모습으로 똑같이 되돌릴 수 없다고 해서 복원을 포기해야 할까? 유명한 자연보전가이고 생태학자이며 작가였던 알도 레오폴드(Aldo Leopold)는 다음과 같은 말을 남겼다.

"우리가 절대적인 정의나 사람들의 자유를 달성할 수 없듯이, 땅과의 조화도 결코 이룰 수 없다. 이러한 더 높은 열망에서 중요한 것은 달성하는 것이 아니라 노력하는 것이다."

즉, 완전하지 않겠지만 최선을 다해 끊임없이 추구하고 노력해야 한다는 말이다. 삶의 큰 울림이 되는 메시지로 계속 노력해서 발전해 나가야 하는 복원생태학의 운명이기도 하다. 복원사업에서 모든 과정에 대한 세밀한 기록과 사전, 사후 모니터링은 필수적이다. 복원사업을 한다면서 모니터링 예산이 없다고 대충 얼버무릴 것이라면 복원사업 자체를 하지 않는 게 좋다. 모니터링을 포함한 복원사업은 교육자원으로도 훌륭한 가치를 지닌다. 신중하게 잘 디자인된 환경 및 생태교육의 커리큘럼을 복원사업의 계획단계부터 마련하고 함께할 수 있으면 좋을 것 같다. 복원사업은 환경청뿐만 아니라 교육부가 지원하고 참여해야 할 환경교육의 영역이다.

＊ ＊ ＊

"잘 다녀와! 길 조심하고." 데이비드가 은근히 나를 챙긴다. 습윤토양식물 모델을 만드는 데 필요한 자료를 얻기 위해 일리노이강 중류지역의 하바나(Havana)라는 도시와 그 근처의 범람원을 방문해야 했다. 습윤토양식생 성장모델에 필요한 특정 습지식물군의 생체량(biomass) 데이터가 필요해 반드시 가야 하는 일이었다. 가서 할 일은 모델이 타겟으로 하고 있는 식물의 다양한 높이를 조사하고 생체량 샘플링을 하는 것이었다. 막상 학교에서 내주는 트럭을 몰고 홀로 낯선 곳에 가려니 약간 겁이 났던 것도 사실이다. 출발 전 미리 지도를 잘 익혔더니(스마트폰 및 구글맵이 없던 시절이니…) 문제없이 해당지역에 도착했다. 장비를 챙겨 차에게 내리니 좀 기괴하고 음산한 느낌이 살짝 스쳤지만 태양이 작열하는 여름날 오후라 나쁘지 않았다. 이때 갑자기 큰 사슴 두 마리와 여우가 나타나 놀라는 바람에 들고 있던 방형구를 두 번이나 떨어뜨렸다.

오후 내내 뙤약볕에서 고된 조사를 마치고, 컴퓨터로 정리한 습윤토양식생 성장모델을 보정할 수 있는 데이터를 얻은 기쁜 마음으로 5시가 다 되어서야 범람원을 빠져나왔다. 장화를 신었지만 질퍽거리는 토양 위를 걷다 보니, 이미 장화에 물이 들어가 발은 다 젖은 상태였다. 가져갔던 조그만 물병 하나는 이미 오래전에 다 비운 터라 갈증이 차올랐다. 차를 몰고 조금 나오니, 길가에 있는 한 선술집을 발견할 수 있었다. 혹시 생수자판기라도 있으려나 하는 마음에 차를 세우고, 흙이 잔뜩 묻은 발로 문을 열고 고개를 빼꼼 들이밀었다. 안에 있던 네 명의 아저씨들이 약속이나 한 듯 일제히 고개를 돌려 나를 쳐다본다. 문득 몇 년 전 프랑스에서 온 에마와 함께 켄터키주의 담배밭을 지나다 잠시 한 음식점에 들어갔을 때가 생각났다. 식당 안에 있던 백인들이, 아이부터 어른까지, 마치 동양인을 처음 본 듯, 다들 놀라 동시에 날 뚫어지게 쳐다봐서 들어가지 못하고 문을 그대로 가만히 닫고 나왔다. 오하이오에 있을 때도 내가 하는 일이 생태학이니 미국의 시골이나 강가, 발전소, 농가 등 인적이 드물고 나 같은 동양인에게 아직도 익숙지 않은 곳을 방문한 일들이 여러 번이라 되려 나는 놀라지 않았다. 오히려 내가 그 사람들을 놀라게 했다고나 할까? 청량음료를 찾는다고 했다. 바텐더가 들어오라며, 얼음을 가득 넣은 물 한잔을 우선 권한다. 내가 목이 말라 보이기는 한 모양이다. 얼음물 한잔을 눈 깜빡할 사이에 들이켜고 잔을 내려놓으며 보니, 아직도 다들 나만 쳐다보고 있다.

"고맙습니다. 너무 목말랐어요.(Thank you so much! I really needed it! I was so thirsty.)" 묻지도 않은 답을 했다. 털어내었지만 아직도 내 장화에 묻은 흙을 보고, 한 아저씨가 말을 건다.

"장화까지 신고 뭐하는 거야?"

"아, 난 일리노이대학교에서 일하는데, 범람원복원 프로젝트에 필요해서 식물을 몇 개체 채집하러 왔어요."

일리노이대학교에서 왔다고 하자 모두가 안심한 표정으로 환하게 반긴다. 하긴 자신들이 사는 주에서 가장 큰 세계적인 대학이니 모를 리는 없다.

"우린 어릴 때부터 여기서 나고 자란 오래된 이 동네 친구들이야." 자신을 잭이라고 소개한 아저씨 한 명이 악수를 청한다.

"내 형이 일리노이대학교를 나왔어. 지금 시카고에서 일해." 또 한 명이 말을 섞는다. 그러자 다들 바텐더까지 악수를 청해 통성명을 했지만, 나도 그들의 이름을 금세 까먹었고 그들도 그랬던 것 같다. 잭만이 그나마 "챙"이라고 나를 불렀던 것 같다. '창우'라고 말해줬지만 낯선 한국이름에 "챙"만 어떻게 기억한 것도 기특하다. 그렇게 물한 잔 얻어먹고자 들린 아무것도 없는 시골 한복판의 선술집에선 우리들의 대화가 무르익어 가고 있었다. 콜라 대신 버드라이트 한 병을 시켰다. 그들과의 대화로 그 지역의 경제, 농산물 가격의 하락으로 농사를 짓는 것의 수지가 맞지 않아 흔쾌히 농지를 자연보전단체에 팔거나 보전구역(conservation easement)으로 지정 받고 세제혜택을 받은 이야기, 그리고 자신들이 어렸을 때만 해도 얼마나 많은 물새와 철새들이 이곳 범람원을 서식지로 이용했는지 등등, 책과 여러 자료로만 파악해 왔던 일들을 현지 사람들을 통해 직접 들을 수 있는 기회가 된 것이다. 날이 어둑어둑해져, 더 늦기 전에 샘페인시로 돌아가야 한다며 일어섰다. "Good luck with your project(니 프로젝트에 행운을 빈다)!" 하면서 나를 배웅해 주며 빠른 길을 알려주기까지 했다. 그들의 친절

덕에 어둠을 헤치고 무사히 샘페인시로 돌아왔다.

그 이후에도 지역담당 공무원, 농부들을 만날 기회가 꽤 있었는데, 환경 관련 역사기록의 중요성을 무엇보다도 절실히 깨닫게 된 계기가 되었다. 100여 년 가까이 강물의 수위변화와 식생들을 관찰했으나 기록이 빈 곳이 많았고 전산화되어 있지 않아 어떤 정보들은 일리노이대학교 도서관의 고지도를 찾아가면서 살폈지만 쉽지 않았다. 결국, 강 중류에 아직도 남아 있는 오래된 연구소를 데이비드와 함께 찾아가 범람원에 생성된 여러 개의 백워터호수(backwater lakes) 주변에 자생하던 습윤토양식물들의 기록을 살피기도 했다. 복원은 어쨌든 과거의 모습을 일부라도 회복하는 일인데, 과거의 기록이 없거나 기록이 지극히 제한적인 경우에 많은 어려움이 있는 것이 사실이다. 정량화되지 않았더라도, 여기저기 있는 기록과 이야기들, 관찰일지 등을 살피고, 그것을 현재 프로젝트에 이용할 수 있는 정보로 새롭게 정리하는 일은 중요하다.

프로젝트는 강과 범람원의 수문학적 연결방법을 강구해야 했다. 댐을 하루아침에 없앨 수는 없는 일이다. 댐 운영에 있어서도 강 전체를 연계하여 조절해야 했다. 하지만 그 당시 이루어지고 있거나 가능해 보이는 일은 아니었다. 자연적인 강의 범람이 아닌 댐의 운영에 의해 댐의 상류나 하류에 물이 일시적으로 불어나 여름 식물생장기에 있는 식물의 서식지인 범람원이 침수되는 일을 막기 위한 방책을 고심하고 있었다. 딱 한번, 프로젝트의 일환으로 일리노이 하나바시의 락앤댐을 립과 데이비드와 함께 방문해 미 공병단 담당자들을 만나 부탁해 보았지만 보안을 이유로 댐의 운영일지를 볼 수는 없었다. 강 전체의 댐 운영에 대한 환경적, 생태적 운영지침은 아직은 따로 없었다.

프로젝트가 순탄했던 것만은 아니다. 미국 과학재단에 성과보고서를 제출해야 하는 기간에는 스트레스를 받을 때도 많았다. 그래도 프로젝트팀에 합류하여 열심히 일한 덕에, 결국 여러 편의 논문도 쓰고, 나중엔 네덜란드에서 열린 학회에서 유럽 여러 곳에서 온 하천과 범람원 연구자들을 만나 함께 하천에 대한 책을 만드는 데도 참여하는 기회를 얻을 수 있었다. 이러한 경험들은 경력의 중요한 부분이 되었고, 무엇보다도, 더 연장된 습지학 및 생태복원의 새로운 부분을 배울 수 있는 소중한 기회가 되었다.

＊ ＊ ＊

립과 데이비드 그리고 나는 함께 강 수문의 변화를 습윤토양식물의 완전한 생장을 담보해 낼 범람원의 면적과 연결시키는 개념적 골격을 만들었다. 이는 범람의 맥동이 가지는 두 가지 주요인자인 강의 연간 수위그래프와 그 수위그래프에 노출되는 범람원 땅의 누적 면적을 연계한 것이었다. 고도로 보면 습윤토양식물은 수생식물보다는 더 높은 지역에 자라지만 건조해서 나무가 자랄 수밖에 없는 수목한 계선 보다는 낮은 지역에 제한되어 자라게 된다. 그리고 수문조건의 변화에 따라 습윤토양식물의 성장확률도 바뀌고, 또 그들의 다양한 성장확률로 그려질 범람원 면적이 계산되는 것이다. 예를 들면, 기상 예보처럼 습윤토양식물이 살아남아서 생장할 확률이 90%인 범람원 땅의 면적은 몇 에이커가 될 것인지를 모델결과로 산출하고, 그걸 컬러풀하게 시각화하여 복원에 관여하는 많은 관계자들과의 회의와 대화에 활용하는 것이었다.

시뮬레이션을 위해 일리노이강 전체에서 80마일(약 130km) 길이의 라그랑지(La Grange) 구간을 상, 중, 하 위치로 구분했다. 댐 바로 밑 10마일(16km) 구간, 댐 없는 중간 10마일 구간, 그리고 댐의 바로 위쪽 10마일 구간까지 해당구간들의 20년치 수문데이터를 내가 만든 식물생장모형에 넣어 시뮬레이션을 해 보았다. 시뮬레이션은 기존의 제방과 댐이 온전한 상태를 기본으로 제방만 제거하거나 또는 제방과 댐을 모두 제거했을 때 습윤토양식물이 해당위치의 범람원에 어떤 성공확률로, 얼마만큼의 면적으로 나타날지를 분석한 것이었다. 제방의 제거도 범람원 식생복원에 효과를 보였으나 크지는 않았다. 라그랑지 구간의 아래쪽 10마일, 즉 댐 바로 위쪽 제방을 제거해도 식물이 전혀 자라지 못하는 예측결과를 보였다. 놀라운 것은 그 위치에서는 댐을 제거하자 습윤토양식물이 상당히 높은 성장 성공확률로 범람원에 등장한 것이다. 즉, 범람원의 식생복원 성공에는 강에서도 어느 위치를 선정해 자연화를 시도하느냐가 큰 관건임을 시사하는 결과였다.

일리노이 스펑키바텀 보호구역(Spunky Bottoms Preserve)은 에미퀀보다는 작은 규모로 일리노이 강 범람원복원의 시범사업구간으로 먼저 시작된 곳이다. 사진은 스펑키바텀 보호구역의 일부지역으로 농경지로 사용되던 수십 년 동안 종자은행에서 생존한 다른 습지식물종들이 해당 지역에서 강으로 퍼내는 물의 양을 줄여 땅의 범람을 허용하니 다시 모습을 드러내고 있는 모습이다.

조지메이슨의 교수직을 수락하고 떠나기 전날 밤, 립과 그의 부인 루스가 아이들은 다 출가한 후 단출하게 둘만 살고 있는 집에 나를 초대했다. 그들의 집은 정갈했으며 검소함이 한눈에 느껴지는 공간이었다. 같이 장을 보고 연어요리와 와인 두어 병을 나눠 마셨다. 새롭게 시작될 나의 교수로서의 강의를 위해 립이 지난 세월 차곡차곡 모아 두었던 여러 수업방법들, 지침이 될 만한 세미나 자료들을 가득 담은 큰 상자 하나를 내게 건네주었다. 그리고 필요할 때 도움이 되면 좋겠다는 말을 잊지 않았다. 루스가 하품을 하지 않았다면 몰랐을 만큼 늦은 시간까지 립은 새로 시작될 나의 교수로서의 길에 많은 이야기로 격려해 주었다. 내가 "너무 늦게까지 있었다."라고 말하며 일어서자 그제서야 립도 시간이 많이 늦었음을 깨닫고 식탁에서 일어섰고 루스와 함께 나를 배웅 나왔다. 지난 2년간 내게 또 다른 스승이 되어 준 그와 루스의 모습이 자동차의 백미러에서 사라질 무렵, 깜깜한 일리노이대학 캠퍼스를 마지막으로 천천히 한바퀴 돌았다. 내일 아침이면 떠날 이곳에서의 지난 2년간의 일들이 주마등처럼 스치고 있었다.

* * *

떠나는 날 아침이다. 다들 이미 인사를 했고 기념사진도 찍었다. 포닥 월급을 모아 할부로 내 인생 처음으로 산 작은 승용차에 얼마 안 되는 짐이 꽉 찼다.

"잘가, 창우! 도착하면 조지메이슨대학교의 새 이메일로 연락하고!" 데이브가 밖까지 따라 나왔다.

"뒷좌석에 짐을 너무 많이 쑤셔 넣은 거 아니야? 뒤가 잘 보여?"

2년 동안 나를 조카처럼 대해주던 데이비드는 모르는 사이에 정이 많이 든 모양이다. 그의 잔소리가 싫지 않다.

"걱정 마, 잘 보여." 내 어깨를 툭툭 치는 가벼운 포옹을 뒤로, 차에 몸을 싣는 내게 행운을 빌어주던 그의 물기가 가득해진 커다란 눈을 잊지 못한다. 그렇게 두세 번 정도 쉬어가며 일리노이 어바나시에서 워싱턴 디시 근교인 북버지니아의 페어팩스까지 14시간 정도 걸리는 긴 여행을 했다. 워싱턴 디시를 둘러싸는 하이웨이 495(I-495)에 접어드니 차들이 쏜살같이 달린다. 중서부에서 몇 년을 살아도 못 보던 풍경이다. 운전대를 두 손으로 더 꽉 잡았다. '이제 또 새로운 곳에 왔구나.'라는 설렘과 약간의 두려움이 차오르고 있었다.

살다 보면 누구나 끊임없는 범람을 견딜 수 없을 것 같이 느껴지며 괴로울 때가 있다. 그러나 그 반복의 리듬이, 규칙성이 이해되면 범람의 파고에 신명나게 춤을 추며 괴롭다는 감정에서 일정 정도 자유로워질 수 있는 것 같다. 자, 한번 더 '리듬 속에 그 춤을~' 자~알 살아보자!

9장

오카방고의
추억

　“모코로(Mokoro)?”　“그렇지, 모-코-로”　“모코로” 소리내어 제이콥
이 말한 대로 되뇌어 보았다. 자칫 조금만 흔들려도 쉽게 뒤집힐 수
있어, 동승하게 된 독일 할머니가 자리를 잡고 앉으시도록 손을 잡
아 드렸다. 모코로는 보츠와나의 오카방고 삼각주에서 흔히 사용되
는 카누 형태의 조그만 배다. 전통적으로 흑단나무 혹은 소시지나무
라고도 불리는 키젤리아(kigelia) 나무의 안쪽을 파내어 만든다. 요즘
은 이 나무들을 보호하기 위해 섬유유리로 만들어진다고 한다. 모코
로는 오카방고 삼각주를 방문하는 관광객들에게 수심이 얕은 늪지대
를 다니는 가장 일반적인 수단이자, 주민들에게는 갈대숲과 억새풀
로 가려진 물길을 다니는 실질적인 교통수단이기도 하다. 우리의 안
내자인 제이콥이 한편에 서서 나무장대로 늪지의 바닥을 밀자 모코
로가 움직이기 시작했다. 가까이에 있던 작은 물새들이 물을 박차고
날아오른다. 조금씩 그리고 천천히. 라군의 중심에 모여 있던 기분이
영 좋아 보이지 않는 하마떼로부터는 조금 거리를 두고 모코로를 저
어 늪지의 가장자리로 움직였다. 저 멀리서 임팔라 무리와 초식동물
인 리추에가 뛰어 놀고, 왜가리, 대청학, 저어새, 따오기 그리고 백로

들이 날아오르며 우리를 맞이했다. 450종류 이상이라고 보고된 다양한 새들의 보금자리인 오카방고에는 국제적으로 보전가치가 있거나 멸종위기에 있는 새들도 많다. 모코로가 앞으로 가면서 물살을 가르자, 작은 물고기 하나가 튀어올라 내 발 옆에 떨어져 버둥거린다. 얼른 건져서 다시 물로 보내주었다.

* * *

학자로서 연구성과를 발표하고 또 최신정보들을 나누기 위해 코로나19 전까지는 한 해에 한 번 정도는 학회 여행을 했던 것 같다. 여러 학회 여행 중에서도 가장 기억에 남는 것이 2010년 방문하게 된 세계 최대 규모의 내륙습지인 '오카방고 삼각주'다. 세계 습지의 날을 기념하며, "범람의 맥동에 의해 생성, 유지되는 습지들-기후변화에 대한 대답(Flood-pulsed wetlands - Answer for Climate Change)"이라는 주제로 열린 습지 및 하천 관련 국제학회였는데, 세계의 주요 하천과 습지시스템들을 연구하는 연구자들이 모두 오카방고로 모인 것이었다.

* * *

국제적으로 중요한 람사르습지를 포함한 대부분 습지들의 생명이 범람의 맥동과 연결되어 있음을 강조하는 생태학의 '범람맥동설(flood pulse concept)'이 탄생한 지 20주년을 맞는 해에 열린 학회라 더욱 의미가 있었다. 하천과 범람원 사이의 물질 및 생물의 이동 정도를 결정하는 것이 이 범람의 맥동이다. 하천의 수위가 높아졌다 낮아졌다 하는 그 규칙적인 흐름의 반복은 하천과 범람원의 동식물이 적응해 온 근본적인 '생태학적 리듬'이며, 앞서 언급했듯이 이 리듬의 특성을 이해하는 것이 서구에서 지난 100년간 많은 규제들로 바뀌어 온 하천의 흐름을 복원하는 데 기초가 되는 것이다. 미국 일리노이강 범람원 복원 프로젝트에 매진했던 나의 포닥연구원 시절을 통해, 내 인생의 중요한 멘토가 되어준 하천생태학자인 립 박사와 영크 박사는 이 개념을 만든 장본인들로, 그들을 다시 만날 수 있는 것도 큰 기쁨이었다. 학회 첫날 아침, 영크 박사의 범람맥동 20주년 기념발표가 있었다. 그는 내가 논문으로 발표했던 일리노이강 범람원의 연구결과를 자신의 발표에 인용하면서 지난 연구성과와 종합해 주목을 받았다. 내 연구가 자신의 발표에 도움이 되었다면서 발표 후 악수를 청해와 고마웠고 잠시 뿌듯한 기분이었다.

처음 이 학회의 발표초청을 받았을 때, 야생의 오카방고를 가볼 수 있다는 데 너무 흥분되기도 했는데, 아프리카 여행의 준비과정이 간단하지만은 않았다. 여러 번 비행기를 갈아타는 것은 물론이고, 황열병과 여러 질병에 대비해 예방주사를 맞고, 말라리아 약을 처방받아 가기 전부터 먹는 등 신경이 많이 쓰이는 여행이었다. 남아프리카의 요하네스버그를 떠난 지 2시간이 조금 넘는 비행으로 사바나의 전경과 함께 오카방고가 눈앞에 펼쳐지자 흥분으로 가슴이 뛰기 시작했다. 작열하는 태양과 공기의 색다른 냄새, 그리고 야생에서 무리 지어 이동하는 코끼리들은 처음 밟는 아프리카 땅을 실감케 했다. 미 동부의 폭설로 눈폭탄을 맞고 있을 워싱턴 디시를 떠나 이틀 만에 오카방고의 태양 아래로 이동한 것이었다.

학회를 마치고는 오카방고를 제대로 체험하기 위해 예약해 두었던 카라캠프로 여정을 옮겼다. 두 명만 탈 수 있는 아주 작은 프로펠러 비행기에 조종사인 토니와 나란히 앉았다. 이륙하고 30여 분 비행을 하는 동안 손가락처럼 뻗어나온, 여러 전통 부족들의 이름을 딴, 오카방고강의 지류들과 삼각주가 내 눈앞에 모습을 드러냈다. 사막 한가운데 세계 최대의 내륙습지가 있는 것이었다. 앙골라의 고원지대에서 시작되는 오카방고강은 세롱지역에서 갈라지는데, 다른 강들과는 달리 바다로 흐르지 못한다. 칼라하리 사막의 더운 바람이 강물을 모두 증발시키기 때문이다. 결국 바다에 이르지 못한 강이 15,000km^{2}나 되는 생명의 섬, 오카방고 삼각주를 형성하면서 신기루처럼 사라져 버리는 것이다. 오카방고 삼각주는 습지대와 초원, 섬들과 수로로 이루어지고, 아프리카물소, 얼룩말, 코끼리, 기린, 하마, 리추에, 사자, 표범, 누, 하이에나, 치타, 코뿔소, 개코원숭이 그리고 리카온(아프리카들개) 등 이루 다 열거할 수 없을 만큼의 다양한 야생동물들과 식물들 그리고 수많은 새들과 물고기 등의 보고다. 내가 방문했던 2월에는 우기였지만 비가 그다지 오지 않아 좀 건조해 보였다. 사실상 앙골라 고원지대에 내린 빗물이 오카방고에 도착하는 데는 5~6개월이 걸리므로, 건기가 시작되는 6월쯤이면 오카방고 습지에는 오히려 더 많은 물이 있을 것이다.

이 어마어마한 오카방고도 기후변화의 영향으로 가까운 미래에 생태계가 여러 위협에 시달릴 것으로 예상된다. 가장 최근의 심각한 위협은 오카방고강 상류 앙골라 지역의 가뭄 증가와 강우량 감소로 인해 삼각주의 수위가 낮아지고 습지 생태계를 유지하게 하는 핵심인 계절적 범람맥동, 즉 매년 1년에 한 번씩 삼각주의 습지와 강들이 완전히 범람하는 규칙에 교란이 생기는 것이다. 계절적 범람맥동이 교란됨에 따라 오카방고 삼각주 범람원의 크기가 줄어들 수 있고, 이는 식수, 농업, 가축 사육에 필요한 물의 가용량이 그만큼 줄어들 수 있다는 것을 뜻한다. 식물들은 새로운 수문환경에 적응이 필요할 것이며, 대형 초식동물과 어류의 이동 패턴과 방목 지역도 영향을 받을 것으로 예상된다. 수위가 낮아지면 코끼리나 하마 같은 대형 포유류 개체군을 포함하여 범람원에 의존하는 동식물도 영향을 받을 것이며, 초원이 숲으로 대체되어 전반적인 서식지의 모습이 바뀔 수도 있다. 또한 가뭄으로 인해 삼각주 내에서 산불이 발생할 위험도 높아진다는 우려가 보고된 바 있다. 말할 것도 없이, 오카방고의 이름난 자연기반 관광산업에도 큰 변화와 손실이 있을 것이다.

* * *

경비행기가 흙바닥의 활주로에 내려앉자, 흙먼지 구름 속에서 세 명의 캠프가이드들이 환한 웃음으로 나를 맞이했다. 캠프에 도착한 첫날, 먼저 와있던 다른 사람들도 만났다. 영국에서 온 심리학자인 멜과 스티브 커플, 브라질의 또 다른 세계적인 습지인 판타놀(Pantanal)에서 가이드로 일했던 다민족계 청년 데니, 그리고 평생 단짝친구인 세 명의 독일 할머니들이 반가이 나를 맞았다. 캠프의 숙소는 군용텐트같이 단단한 재질로 만들어져 있고, 쉽게 조립하고 해체할 수 있어 보였다. 사파리를 마치고 돌아온 오후 6시쯤 하루 종일 해를 품었던 침대에 몸을 누이면 태양의 향기가 어릴 적 엄마 품처럼 나를 감싸 안았다. 말로 형용할 수 없는 위로의 따뜻함이다. 저녁 먹기 전 하루 종일 걸어 피로한 다리를 좀 쉬게 하려 잠시 두 손을 머리 뒤로 깍지 끼고 누우면 초원이 눈앞에 펼쳐졌고 이름을 알 수 없는 새와 곤충의 소리 외엔 아무것도 들리지 않았다. 그 순간, 시간이 멈추고 모든 것이 정지된 스냅사진처럼 내 가슴 깊은 곳에 담겼다.

다음 날은 아침부터 시작된 오리엔테이션을 통해 오카방고 수계 전체에 대한 설명을 듣고, 오후엔 보트로 습지대를 둘러보러 나섰다. 덥고 후덥지근했지만, 낯선 열기와 너무도 눈부신 태양빛은 어지러울 정도로 황홀했다. 그렇게 많은 파피루스 식물군락을 본 것은 처음이었다. 파피루스는 4,000년 전 이집트 사람들이 이 식물을 이용해 만든 종이의 이름이기도 하다. 이 식물의 키와 몸집은 갈대나 부들과는 상대가 안 될 정도로 크다. 요즈음은 종이 대신 돗자리를 만드는 데 쓴다고 했다. 부들의 뿌리는 현재 식용으로도 사용된다고 제이콥이 설명한다. 나는 물살을 가르는 보트에 앉아 시원한 바람을 맞으며, 다양한 새들과 습지식물들의 장관을 온몸으로 느끼고 있었다. 아름

오카방고 습지에서 모코로를 타고 있는 필자. 모코로는 오카방고 삼각주의 얕은 늪지대를 다니는 가장 일반적인 수단이며, 주민들에게는 식생들 사이로 난 물길을 다니는 실질적인 교통수단이다.

다운 석양을 뒤로 하고, 왜가리와 백로가 번식하는 나무군락에 보트를 잠시 대어 놓고 준비해 온 간단한 음식들을 먹으며 사람들과 금방 친해졌다. 이미 어두워진 습지에서 1시간여 노를 저어 캠프로 돌아오니 열심히 식사를 준비한 캠프의 일꾼들이 흥겨운 전통노래로 우리를 맞았다.

여행 중 잊을 수 없었던 또 한 가지는, 오카방고 삼각주에서 행해지는 '몰라포 작물재배(molapo farming)'라고 하는 일종의 친환경적 농업이다. 이것은 범람이 물러난 틈을 타서 작물을 재배하는 방식이다. 마른 땅에 재배하는 작물은 온전히 강우에 의존하지만, 범람이 후퇴하고 나서 행해지는 농업은 범람원이나 강의 수로 가까이에 범람 후 나타나는 젖은 땅(이것을 '몰라포'라 부른다)에 작물을 재배하기 때문에 오랜 기간 강의 자연스러운 범람맥동에 사람의 삶의 리듬이 조화를 이룬 모습이었다.

* * *

새벽에는 조금은 쌀쌀한 공기를 가르며 5시간여의 게임드라이브(사파리 차량을 타고 야생동물을 찾아다니는 것)를 나섰다. 오늘 동행한 날렵한 보조 가이드가 중간중간 차량을 세우고 차에서 내려, 나무막대기로 숲을 헤치며 사자들의 발자국을 찾았다. 몇 분 전에 사자들이 이곳을 지나갔는지를 금세 알아냈다. 이렇게 '사자 찾아 3만리'가 시작된 것이다. 사자의 발자국을 찾아 헤맨 지 두어 시간이 지나자 제이콥은 차를 세우고 손을 들어 조용히 한쪽을 가리켰다. 사자다. 굶주린 듯 보이는 사자 네 마리가 단잠을 자고 있었다. 제이콥은 차량을 천천히, 바짝 사자 옆에 갖다 댄다. 나와 사자들의 거리는 이제 2미터도 되지 않았다. 절대 차량에서 일어나지 말라고 경고를 주었다. 일어나면 사자가 바로 먹이로 인지하고 공격할 수 있다는 것이었다. 지금은 우리가 다들 앉아 있으니, 차량의 냄새와 엔진소리들로 인해 먹이로 인지하지 않는단다. 멜과 스티브는 사진찍기에 바쁘다. 다음 날 새벽에는 1시간이 넘는 긴 드라이브 동안 나비 모양의 잎으로 쉽게 구분되는 모파니나무 군락이 있는 긴 숲을 통과했다. 덜컹거리며 달린 보람으로 어미 치타와 새끼 치타들을 가까이서 볼 수 있었다. 오후에는 제이콥과 함께한 트레킹을 통해 아프리카의 다양한 식용, 약용식물들을 만날 수 있었다. 멜이 기침을 하자, 제이콥이 세이지(sage)를 꺾어 건네주면서 물을 끓여 우려내 마시라고 알려준다. 한때 영국 런던의 습지센터를 방문했을 때 식용식물들을 한켠에 전시해 놓은 것을 인상적으로 보고 사진을 찍어왔던 기억이 떠올랐다. 태양이 작열하다가도 갑자기, 그리고 자주 열대성 비가 내렸다. 그리곤 언제 그랬냐는 듯 태양은 또다시 작열한다.

캠프에서의 마지막 날이다. 새벽에 잠을 깨어 칠흑 같은 어둠 속, 안개처럼 뿌연 습지를 한동안 응시하고 있었다. 어느새 서서히 떠오르는 해가 거대한 습지대를 깨우고 있었다. 동이 트는 야생의 오카방고! 숨을 크게 들이쉬자 그 생명의 에너지가 내 몸속으로 전달되는 것 같았다. 잊을 수 없는 추억을 만들어 준 캠프에서 만난 사람들과 아쉬운 마음을 몇 장의 사진에 담았다. 떠나고 싶지 않은 마음을 뒤로 하고 다시 경비행기에 올랐다. 창밖으로 멀어지는 오카방고의 모습이 내 가슴속으로 들어왔다. 눈을 감으면 언제나 다시 올 수 있게….

---

*이 글은 『생태계와 기후변화』(한국생태학회, 2011)에 수록된 필자의 글을 보완한 것이다.

10장

체험학습을 위한
야외 습지
연구공간

"창우, 니가 만들고 있는 거 학교신문에 기사가 났네!" 로사가 신문을 들어보이며 학과사무실로 들어서는 나를 반긴다.

「Getting down and dirty: professor builds wetland research area on campus(험난한 여정: 캠퍼스 내 습지연구지를 조성한 교수)」

자극적인 기사 제목이 눈에 확 들어온다.

"어, 진짜네! 한 2주 전에 인터뷰를 했는데…." 씩 웃으며 기쁜 마음으로 신문에 실린 기사를 훑어보고 있자니 "This is your copy(이건 네 것)!"라며 챙겨 놓았던 한 부를 건네주는 친절한 그녀다. 로사는 조금은 소극적인 성격에 조용한 성품이며, 내게 늘 친절했던 직원으로 그 당시 학과의 재정담당이었다. 그녀는 내가 조교수일 때 우리 과로 와서 정교수가 될 때까지 근무하다가 정년퇴직을 한 좋은 동료였다. 과에는 몇 안 되는 직원들이 있었지만 그마저도 이 지역의 특성과 급변하던 학교 상황으로 자주 바뀌었다. 그나마 있는 직원들도 교수들과 잘 지내는 사람들은 많지 않은데, 그녀는 그래도 꽤 오랫동안 함께 했던 내게는 각별한 사람이다. 늦은 시간까지 사무실에서 일하다 보면, 그녀가 퇴근하다 말고 빼꼼이 내 사무실에 들러 나를 챙겨주곤 했다. 오후 5시만 되도 대학원생을 포함해 거의 아무도 없는 건물에서 우리 둘뿐인 날이 많았다. 이런저런 사는 이야기로 잠시 대화를 나누곤 했다. 나중에 내가 세미나시리즈를 운영하면서 수많은 준비와 절차들로 혼자 정신없을 때도 유일하게 내 옆에서 도움을 준 그녀이다. 버지니아공대 한인 학생의 총기 사건으로 나를 바라보는 눈빛들이 예전 같지 않은 날에도 그녀만은 한결같았고 늘 내게 괜찮은지 안부를 물어봐 주곤 했다. 퇴직 후 캘리포니아의 어느 산장에서 인사를 전해왔던 그녀가 지금도 행복하게 잘 지내고 있기를 바라는 마음 가득하다.

* * *

조지메이슨에 교수로 부임했던 초기에는 뭘 어떻게 시작해야 할지 막막하기도 하고 어려움도 많았다. 그럼에도 연구와 수업에 이용할 야외 시설을 하나 지어야겠다는 생각은 가지고 있었다. 박사과정을 통해 올렌탄지 콩팥습지공원에 메조코즘(mesocosm)들을 설치하고 연구에 이용했던 경험 때문이었다.

메조코즘은 생태계수준의 실험을 적은 비용으로, 통제할 수 있는 환경에서, 반복을 통해 다양하게 해볼 수 있는 유용한 도구다. 시스템 생태학 연구에 오랫동안 이용되어 왔고, 특히 수생태계 관련 연구를 하는 생태학자들에게는 익숙한 방법이기도 하다. 메조(meso-), 즉 중간 크기(medium-scale)의 마이크로코즘(microcosm)이라 메조코즘이라 불리는데 실험실 내에서 사용되는 마이크로코즘과는 달리 야외에 설치되어 햇빛, 바람, 빗물 및 자연환경에 그대로 노출되어 있는 시스템이라 조금 더 현실적인 상황에서의 생태실험연구를 가능케 한다. 메조코즘은 습지생태연구에도 많이 활용되어 왔다. 단순하게 구성된 메조코즘 생태계가 현실성이 떨어진다는 평가가 없진 않지만, 다양한 생태학 연구에 사용되어 오면서 여러 생태학적 원칙들과 환경관리에 유용한 통찰력을 제시해 왔다. 하워드 오덤(Howard T. Odum)과 로버트 바이어즈(Robert J. Beyers)가 함께 쓰고 1993년에 초판이 출간된 『생태 마이크로코즘(Ecological Microcosm)』에는 다양한 마이크로코즘 및 메조코즘들의 원리와 적용사례가 잘 설명되어 있다. 메릴랜드 대학교에서 생태공학을 가르치는 동료연구자인 팻 캥거스(Pat Kangas) 박사와 스미소니언자연사박물관(Smithsonian Natural History Museum)의 월터 에디(Walter Adey) 박사도 이 분야 전문가들로 다양한 메조코즘을 만들어 자신들의 연구에 활용하기도 했다.

야외시설물을 만들겠다는 아이디어를 교수로 부임해 온 초반부터 학과장에게 이야기하고 제안서를 만들어 대학의 시설물 담당부서에 제출하고 캠퍼스 전역을 누비며 어디 자투리땅이 없는지, 있다면 땅을 사용할 수 있는 허락을 받을 수는 있을지, 궁리하면서 많은 사람들을 만나고 다녔다. 그러던 중 두 군데로 후보지가 좁혀졌는데, 하나는 캠퍼스 내 스포츠 센터 뒤로 흐르는 아주 조그만 시내 옆 공간이었고, 또 하나는 메인캠퍼스에서 걸어서 20~30분 정도 걸리는 캠퍼스 서쪽에 위치한 교내 스포츠 단지 내에 있는 작은 범람원 공간이었다. 결국 이 범람원 공간 일부를 사용할 수 있게 되었는데, 바로 옆에 위치

습지메조코즘단지를 만들고 간판이 설치된 후 학생들이 찍어준 기념사진

한 축구장과는 고도차이가 꽤 나는 낮은 지대로 당시에는 옆 동네 시내의 한 지류가 간헐하천(intermittent stream)의 형태로 지나고 있었다. 지금은 상시하천(perrenial stream)이다.

습지메조코즘단지(Ahn Wetland Mesocosm Compound)를 조성하기 위해 학교 소유의 토지와 건물을 관리하는 위원회(Land & Building Committee)에서 허가를 받고 바로 한 일은 캠퍼스 전역의 울타리를 담당해 온 롱펜스(Long Fence)라는 회사의 CEO를 접촉한 일이었다. 학생들의 교육을 위한 야외 시설을 짓기 위함이라고 다짜고짜 열심히 설명을 하여 결국 2만 달러 상당의 울타리를 허가 받은 땅에 설치하기로 약속을 받아냈다. 운이 좋았다. 부총장실과 대학의 여러 학부생 교육 및 연구관련 프로그램들의 지원을 받아 전기와 물을 끌어왔다. 마지막으로 홈디포(The Home Depot)에서 연장창고(tool shed)를 사서 학생들과 함께 조립해 설치하고 나니 비로소 습지메조코즘단지가 완성되었다. 그때가 2007년 말쯤이었다.

＊　＊　＊

부지가 마련되고 울타리까지 설치한 다음 20개의 메조코즘을 땅에 묻었다. 다시 몇 년 후인 2011~2012년 제프레스재단으로부터 연구비를 지원받아 두번째 메조코즘 40개를 갖추게 되었다. 디자인의 주요 요소였던 '식재다양성이 습지의 기능발달에 미치는 영향'을 연구하기 위한 것이었다. 처음 설치한 20개의 메조코즘은 땅에 묻느라 많은 노동과 시간이 들었다. 그런데 두번째 설치한 40개의 메조코즘은

묻지 않고 그대로 범람원 지면에 설치했다. 워싱턴 디시 주변이 겨울에도 영하로 내려가는 날이 며칠 되지 않을 뿐더러 땅이 얼 정도로 추운 적이 거의 없기 때문이다.

습지메조코즘단지는 식생다양성 연구뿐만 아니라 수많은 학부생의 연구프로젝트에 이용되었으며 다양한 수업활동에도 사용되었다. 또한 외부방문객들이나 아이들의 생태교육을 위해서도 이용되었다. 유치원생들부터 고등학생 및 대학생 인턴들까지 많은 사람들이 재밌는 추억을 만들면서 이곳을 거쳐갔다. 캠퍼스 지속가능성 사무국(Office of Sustainability)의 초기 디렉터였던 린다도 간판을 만들어주며 도움을 주었고 훗날 좋은 친구가 되었다. 이런 일을 추진하는 과정에서, 모든 일이 그렇듯 알게 모르게 친구와 적을 동시에 만들게 된다. 물론 처음에는 '저 아시안이 뭘 하려고 저러나?' 하는 눈빛들이 대부분이었지만, 또한 내 수업을 들었던 많은 학생들의 도움이 있었기에 가능한 일이었다.

"멕시칸 식당이야? 연장창고야?" 지나가던 사람들이 쑥덕거리던 소리다. 몇 년 전 습지메조코즘단지 안에 있는 연장창고를 알록달록 여러 색의 페인트로 다시 칠했기 때문이다. 몇몇 학생들이 토요일 오전 시간을 함께 해준 덕분이었다. 워싱턴 청소년 환경정상회의(Washington Youth Summit on the Environment)에 참가하는 미국 전역의 고등학교 2~3년생들이 매년 워싱턴 디시를 방문하는 일정 중에 하루를 조지메이슨대학교에 방문하여 강의도 듣고 견학도 하는데, 내가 연사로 그들을 맞이한 것도 거의 15년째가 되어가고 있다. 정상회의 참석학생들은 습지메조코즘단지를 방문해 습지강의도 듣고 진행 중인 연구에 대해 배우기도 한다.

* * *

큰 그레이하운드 관광버스에서 내리는 수십 명의 학생들에게 손을 흔들며 반갑게 맞이하니 무척 즐거워한다. 메조코즘 습지 속에서 자라고 있는 다양한 습지식물과 녹조류들, 식물이 식재되지 않고 빗물을 가득 담고 있는 메조코즘 속 수많은 올챙이들, 펜스 너머 바로 옆 하천를 따라 형성된 조그만 크기의 자연습지에 가득한 부들이나 매자기, 버드나무와 미루나무들, 그리고 초저녁시간이라 더 크게 들리는 두꺼비들의 합창까지 학생들에겐 모든 게 신기한 모양이다. 기후변화로 인한 해수면 상승의 효과를 시뮬레이션하기 위해 메조코즘 안에 더 작은 메조코즘인 20리터짜리 양동이를 블록 위에 얹어 놓은 세팅에 대한 질문부터 관심있는 대학의 전공 및 커리어에 대한 질문까지 다양하다. 해마다 두어 시간가량 미국 각지에서 모여든 고등학생들을 만나는 시간은 나도 언제부턴가 무척 즐기고 있었다. 몇 년 전에는 방문중인 학생 하나가 말했다.

"Dr. Ahn! It is on Google Map(닥터 안! 구글맵에도 나오네요)."라며 신기해했다. 나도 그 학생 때문에 알게 된 사실이었다.

"이제 피자 배달시켜도 되겠네. 하하." 이렇게 농담을 하면 아이들은 깔깔거리며 좋아했다. 이 고등학생 중 몇 명이나 환경학 전공에 혹은 습지에 관심을 가지고 대학에 진학하게 될 지 모르겠지만 그에 대한 광고용 격려도 잊지 않는다.

"닥터 안, 스탠드업 코미디를 해 보시면 어때요? 너무 웃겨요."

"그래? 그렇지 않아도 조기퇴직하고 코미디언으로 전업할까 생각 중이야." 자지러지는 아이들과 농담을 주고받는 짧은 시간이 끝나면 차에 오르기 전 다들 셀카를 찍자고 난리를 쳐서 수십 명의 아이들 한 명 한 명과 사진을 찍는 신기한 경험도 해 보는데, 마치 할리우드 스타가 된 듯한 착각에 취하는 기분 좋은 시간이다. 이 시설물을 만들지 않았다면 내게 이런 행복한 순간들은 없었을 것이다.

* * *

식재다양성 연구를 위한 메조코즘 세팅 및 대상 습지식물의 선정은 한 학기 이상 문헌조사를 비롯해 비슷한 주제의 다양한 연구결과들을 꼼꼼히 챙기고, 식물경쟁 및 다양성 쪽의 주제로 누구보다 많은 연구를 했던 생태학자인 폴 케디(Paul Keddy) 박사에게 자문을 얻어 완성했다. 메조코즘의 크기(표면 1m²)를 고려하고 공간적 경쟁을 배제하는 상태에서 가능한 최대 식물의 수는 4개체까지였다. 즉, 실험은 1종의 습지식물만이 식재된 메조코즘, 2종, 3종, 그리고 4종의 다양한 습지식물이 혼합식재된 4개의 그룹으로 구성하여 단순히 종 풍부도뿐만 아니라 기능적 다양성(functional diversity)에 기반해 분명히 네 그룹으로 나뉘는 세팅이었다. 물론 이 지역의 자생 습지식물들로만 선택했으며 이미 모니터링하고 있는 조성된 습지은행들의 특징을 최대한 비슷하게 맞추려고 습지은행에 지배적으로 식재된 식물종들로 선택했다. 메조코즘 습지들의 수문은 습지은행들이 대개 그렇듯 강우로만 유지되게 하고, 피복도, 식물군집생산성, 탈질화잠재성, 토양탄소 저장능, 그리고 식물의 여러 형태적 특징 및 토양의 물리화학적 인자들을 함께 조사했다.

* * *

이 연구는 여러 해에 걸쳐 박사과정 학생과 석사과정 학생 각 1명 그리고 학부생 여러 명의 연구과제를 진행하는 데 순차적으로 쓰였고 여러 개의 논문으로 발표될 만큼 나름대로 성과도 있었다. 다양한 식재는 질소순환 영향으로 습지의 수질정화능을 높이는 데 긍정적 반응을 보이기도 했다. 하지만 식물군집생산성은 조금 떨어지는 것도 관측되었는데, 통계적으로 유의한 차이를 보이지는 않았다. 기억나는, 의미있던 결과는 석사과정 학생인 메리엔의 연구를 통해 얻게 되었는데, 2년 성장 후 교란을 시뮬레이션하기 위해 메조코즘에서 자란 모든 습지식물들을 다 베어버리고(식물의 지상부 수확) 그 다음해에 재생되는 과정을 살펴보니, 초기에 다양한 식재를 한 곳이 단종 식재를 한 습지보다 월등히 우수한 피복도와 잠재적 탈질화를 나타내는 결과를 보였다. 초기 식재다양성이 교란 후 습지시스템의 리질리언스(resilience; 회복탄력성)에 긍정적인 영향을 미치는 것으로 판단되었다. 여기에 영향을 미치는 것으로 보이는 토양탄소의 동태도 파악되었지만 그 다음해까지 한 해 더 조사해야 뭔가 결론을 낼 수 있는 상황이었다. 그러나 그런 이유로 메리엔의 졸업을 지연시킬 수는 없었다. 그래서도 안 되는 일이기도 했다. 연구를 이어갈 비슷한 관심을 가진 학생이 없어 그 연구는 더 연장되지는 못했다. 메리엔은 조지아에서 과학행정 관련 직장에 취직을 하였고 그녀의 석사논문은 학술지에 두 개의 논문으로 발표되었다.

* * *

생태학적 리질리언스의 정의와 연구는 하워드 오덤과 마찬가지로 플로리다대학교에서 오랫동안 몸담았던 크로포드 스탠리 홀링(C.S. Buzz Holling) 박사의 연구가 근간이 된다고 할 수 있다. 1973년에 발표된 논문에서 그는 리질리언스를 "한 시스템 내에 존재하는 관계들의 지속성을 결정하며 이 시스템들이 여러 변수들과 파라미터들에 일어나는 변화를 흡수하는 능력"이라고 정의했다. 홀링 박사는 하나의 평형이나 지구적 안정성의 존재가설에 반대해 대체 또는 다중 상태가 존재할 수 있다고 주장하기도 했다. 다시 말해 리질리언스는 '하나의 시스템이 원래상태에서 다른 상태로 전이되기 전까지 견딜 수 있는 교란의 양'이라는 것이다. 여기서 '다른 상태'는 갑자기 발생한 질병이나 다른 형태의 경쟁으로 생태계의 원래 구조가 붕괴되고 새로운 구성 상태에 놓이게 됨을 뜻한다. 생태계 리질리언스, 교란, 안정성 등에 관련된 이론 및 적용과 발달 등은 대학원생에게도 쉽지 않은 주제이다. 관심이 있는 독자라면 2013년에 출간된 피터 페트라이티스(Peter Petraitis)의 책 『자연 생태계의 다중 안정 상태(Multiple

Stable States in Natural Ecosystems)』를 참조하기를 권한다. 생태계가 빠르게 변화하거나 갑자기 다른 상태로 바뀌는 것은 이론 및 응용생태학자들 둘 다에게 중요한 개념이며, 기후변화의 영향으로 인한 생태계 상태의 예측불가능 및 비가역성은 생태계 관리에 큰 난제가 될 수 있다.

생태계가 가지는 리질리언스는 두 가지 특성을 가지는데 '저항(resistance)'과 '회복(recovery)'이다. 시스템이 외부 교란에 무너지지 않고 저항하는 정도와 영향을 받아 무너졌더라도 다시 튀어올라서 회복하는 정도를 모두 검토해 봐야 리질리언스의 정량적, 정성적 평가가 가능할 것이다. 어떤 시스템은 저항이 회복에 비해 훨씬 탁월하고 그 반대의 성향을 보이는 시스템도 있다. 그리고 리질리언스에 중요한 이 두 가지 특성이 그 시스템 내 구성인자들의 구조적인 다양성 및 복잡성과 유의한 관계를 가지고 있다는 것은 생태학에서 이미 지난 30년 이상 연구가 이루어졌다. 메리엔의 석사논문연구는 여러 해에 걸친 다양한 형태의 식재로 이루어진 습지메조코즘을 통한 여러 연구 중 일부였고, 교란 후 조성습지의 리질리언스를 간단히 살핀 것에 지나지 않는다. 습지시스템의 성숙도에 따라 리질리언스의 두 가지 특성인 저항과 회복이 또 다른 패턴을 보일 수도 있겠다는 나의 생각은 결국 연구에 옮기지 못한 채 시간은 흘렀다. 결국 연구도 사람이 하는 일이기에 시간, 에너지, 자원 등의 뒷받침 없이는 아이디어가 현실로 이뤄지지 않는다. 사실 이루어지지 않는 경우가 이뤄지는 경우보다

휠씬 더 많다. 해당 주제에 관심을 가지고 연구해 보겠다는 학생이 있다면 다시 흥분되겠지만, 그저 큰 기대 없는 바람일 뿐이다. 코로나19 이후 요즘 연구에 진심인 대학원생을 만나는 것은 솔직히 더 이상 낙관적이지 않다. 그러나 한 치 앞을 알 수 없는 것이 삶이니 내 일에 충실하다 보면 상황이 달라질지도 모르겠다.

＊ ＊ ＊

"닥터 안! 한국 잘 다녀왔어요?" 봄학기를 마치고 오랜만에 잠깐 다녀온 한국에서 돌아오자마자 습지메조코즘단지를 확인차 찾았다. 학부연구생인 쉐논이 반갑게 나를 맞이한다. 얼굴은 아직도 아기 같은 귀여운 학생인데, 쇼트트랙 선수로 벌써 몇 년째 학교대표 선수로 뛰고 있다. '체육특기장학생(athletic scholar)'이라고 해서 운동특기자이자 선수로 운동을 하면서도 높은 학점을 유지하고 있는, 부총장실에서 매년 선정하는 학생대표다. 볼티모어 출신의 그녀는 메조코즘에서 인턴으로 시작해 학부생활 내내 우리 실험실의 일원으로 함께했다. 즉, 학부 2학년 때 나를 찾아와 졸업할 때까지 독자적인 공부와 학부연구경험 프로그램을 이용해 메조코즘 연구에 참여했었다. 수업 외에 훈련에도 참가하고 부전공까지 하는 부지런한 친구였다. 졸업식에 부모님을 모셔와 소개해주었는데 마음이 뭉클해지는 순간이기도 했다. 그녀가 참가한 후반부의 메조코즘 식생다양성 연구는 아직 논문으로 발표되지 않았다. 이 글을 쓰다 보니 내 자신에게 상기시켜야 할 일이기도 하다. 학자로 산다는 것이, 추진력을 놓치지 않으려면 연구를 진행하고 데이터를 모으는 동시에 논문작업도 진행되어야 하는데, 이런저런 이유로 미뤄지면 한없이 미뤄져 생생했던 아이디어와 연구결과에 대한 통찰력이 날아가 버리기도 한다. 코로나19를 핑계대기에는 너무 늦은 것일까?

여러 해를 거친 식재다양성 연구가 끝난 습지메조코즘들은 현재 따로 관리를 하지 않고 있다. 잡초나 심지 않은 자생습지식물들을 주기적으로 제거하는 등의 일들을 하지 않는다는 의미이다. 그대로 둔 채 어떻게 변해가는지 관찰하는 중이다. 40개의 메조코즘 중에 첫 해엔 1개체, 그 다음해엔 2개체…. 이런 식으로 현재 4개의 메조코즘에 침입식물인 부들이 안착했다. 그리고 두어 해가량 지속된 가뭄성 기후패턴으로 인해, 심지 않은 육상초본식물들 몇 개체도 서서히 들어서고 있다. 아직은 몇 개의 메조코즘 습지에 불과하긴 하지만 앞으로 어떻게 전개될 지는 더 관찰이 필요할 듯하다. 부들이 정복해 버린 메조코즘 네 개는 초기에 단종식재를 한 메조코즘들이다. 제대로 된 연구가 더 필요하겠지만, 다양하게 식재된 메조코즘 습지는 아직까지도 부들의 침입에 애처롭지만 씩씩하게 저항하고 있는 듯 보인다.

* * *

부들은 정말이지 전 세계적으로 나타나는 습지식물의 아이콘이라고 해도 과언이 아니다. 웬만한 조건에서도 잘 자라며 가장 광범위한 환경조건을 생육환경으로 가진 식물이다. 몸집도 크고, 빠른 성장에, 튼실한 근경은 대부분의 다른 초본류 습지식물과는 비교불가이다. 미국의 대부분 주에서 부들은 침입종으로 지정되어 있어 관리대상 식물이다. 가장 흔하게 볼 수 있는 담수습지식물 중 하나이고 엄청난 생체량을 가졌다. 그래서 1980년대부터도 뛰어난 폐수정화능이 알려져서 갈대와 함께 특히 유럽에서 많이 연구되었거나 주목받기도 했다. 앞서 언급했듯이 부들은 플로리다 에버글레이즈부터 내가 사는 버지니아의 습지은행까지 어디서든 '문제'적 식물이다. 에버글레이즈에서는 영양염류의 과부하가 부들과 같은 침입종 유입을 유발해 식물다양성이 많은 부분 손실되었다. 그로 인해 결국 클린턴 정부 말기에 7.8억 달러라는 역대급 예산의 생태계복원을 필요하게 했다. 미 공병단이 조성 및 복원된 습지를 평가할 때도 전체 면적의 피복도가 일정량 이상, 예를 들어 10% 이상이 부들로 뒤덮여 있으면 당장 대응책을 실행하라는 명령을 내리기도 하고, 모니터링 결과에 불합격 통보를 내기도 한다.

바로 옆 동네인 메릴랜드주에서는 습지 침입종(invasive species)으로 갈대속(Phragmites)이 언제나 큰 관심사다. 과다한 질소부하로 인해 쉽게 퍼져 나가 체서피크만 전체에서 늘 관리대상인 식물이다. 보통 common reed라 불리는 갈대를 비롯해 달뿌리풀 등이 이 분류군에 속한다. 담수와 기수(brackish; 약간의 염도가 있는) 습지에서 다 잘 자라고 엄청나게 몸집이 크고 밀도가 높은 군집을 이루는 이 식물은 제거하기가 쉽지 않다. 메릴랜드 당국에서는 제초제를 쓰거나 몇 년 동안 여름 인턴들을 대거 모집해 물리적으로 뿌리째 뽑아서 제거해 보려고도 했지만 워낙 뿌리의 근권층이 두터워서 완전제거는 쉽지 않은 습지식생이다. 제초제도 여러 해에 걸쳐 지속적으로 뿌려야 그나마 좀 효과가 있다고 알려져 있는데 한동안 유행이다시피 했던 침입종 제거는 지금도 관리당국의 중요한 업무 중 하나다. 그럼 왜 이렇게 침입종이나 외래종(exotic species)을 제거하려 할까? 그건 그 지역 자생식물(native plants)의 성장을 막고 서식지의 동식물 다양성을 모두 저해하기 때문이다.

* * *

메릴랜드대학교의 습지학자이자 오랜 친구인 제레미의 최근 연구에 따르면, 이 갈대가 토양 깊은 곳에서부터 성장에 필요한 질소를 찾아 흡수하는 능력이 있다고 한다. 이는 습지조사에서 대략 30cm 내의 토양층을 생지화학과정들의 핫스팟으로 보고 있는 기존의 지식에 새로운 통찰을 더했다. 질소부족 환경의 토양에서도 엄청난 생장을 보여 온 갈대의 미스테리가 풀린 셈이다. 이제껏 깊은 층의 뿌리는 거의 활동이 없다고 알려진 바와는 다르게 이런 침입종 식물들은 땅속 깊은 곳까지 뿌리를 내리며 웬만한 식물들이 닿을 수 없는 곳에 있는 영양소 자원까지 가져다 쓸 수 있는 능력을 가진 것이다.

나의 박사과정이 거의 끝나가고 있던 1990년대 후반, 미국에선 한창 열심히 뿌리째 뽑아버렸던 또 다른 침입종이자 외래종 습지식물은 털부처꽃(purple loosestrife)이다. 지금도 그 시절 학생들이 환경관리회사나 지역공원당국의 여름 인턴 프로그램인 식물제거반에서 시급도 많이 준다면서 앞다투어 지원했던 것이 생각난다. 원래 유럽과 아시아가 원산지인 이 외래종 식물이 북미로 들어오면서 빠른 속도로 퍼진 것이었다.

근데 미국에선 이렇게 제거 못해 난리였던 이 털부처꽃이 비슷한 시기에 캐나다 퀘벡 시청 앞에서는 그 아름다운 보라색 꽃 때문인지 장식용식물로 활용되고 있었다. 어느 해인가 국제습지학회 참석차, 캐나다 퀘벡을 동료들과 방문했을 때의 일이었다. 이렇게 같은 종이라도 나라에 따라 관리 및 접근방법이 다르다는 데 좀 놀란 적이 있다. 북미니까 거의 같을 거라고 생각했던 예상이 빗나간 것이다. 침입종과 외래종의 생태적 역할에 대한 보다 진전된 연구가 필요하다고 생각한 것도 그때쯤인 것 같다. 이들이 과연 나쁘기만 한 걸까? 생태계에서 필요한, 제대로 이해되지 못한 순기능이 있지는 않을까? 하는 생각들이었다.

* * *

처음 습지를 조성할 때는 오히려 이런 침입종이나 외래종이 순기능을 가지는 경우가 있다. 척박한 환경에서 버틸 수 있는 것들이 대개 이런 식물종(ruderal species)들이다. 특히 이들 중 일년생 식물이 와서 자라고 고사하면서 척박한 땅에 유기물을 공급하고, 다양한 기온과 강우 등 여러 기상조건에 따라 일정 정도 쌓인 유기물이 무기 영양소로 전환되면서, 경쟁력은 약하지만 그 지역의 자생종인 식물종들이 다음 혹은 그 다음해에 안착할 수 있는 터전을 마련해 주기도 한다. 북버지니아의 라우던카운티(Loudoun County)에 조성된 습지은행의 모니터링 중에도 일정 부분 관찰된 일이었다. 분무파종(물과 약간의 영양소에 여러 자생습지식물의 씨앗을 섞어 조성된 습지에 소방호스 같은 것으로 뿌리는 식재방법)으로 식재된 습지은행에서 식물들이 첫 해 혹은 두번째 해에 잘 안착하는 것 같지 않아 걱정했다고 한다. 더욱이 조성 첫 해에는 심지도 않았던 침입종들이 빠른 안착을 보였는데, 시간이 감에 따라 식재된 자생종들로 바뀌는 양상이 관찰되었다는 보고였다. 여러 외래종 및 침입종 식물들의 생태연구가 더 이루어져서 그 지식이 습지의 조성과 복원에도 적용될 수 있으면 좋겠다는 생각이다. 침입종 관리를 소홀히 해야 한다는 얘기는 아니니 절대로 곡해하지 않기를….

부들도 폐수정화에 적절한 관리와 함께 쓰이면 그 어떤 습지식물보다 효과적일 수 있고, 엄청난 몸집의 생체량은 습지에서 또 다른 탄소저장고가 되기도 한다. 침입종 식물들이 바이오연료의 후보로 언급되는 일이 종종 있다. 그러나 연료를 얻으려다 많은 서식처가 단종화 및 파괴되고 생각지 못했던 생태적 재난이 생길 수도 있다. 그러므로 자생식물과 다양한 동물의 서식처를 파괴할 수 있는 침입종과 외래종 식물에 대한 관리와 주의는 당연히 필요하다. 다만 그들의 생태에 대한 연구도 병행되어야 할 것이다. 특히 기후변화로 인해 다양한 서식처의 환경이 급변하고 있는 지금, 자생종과 침입종은 역동적인 환경변화에서 함께 갈 수밖에 없는 운명일지도 모르기 때문이다.

＊　＊　＊

내가 최근인 2024년부터 초대 편집장(guest editor)으로 직접 디자인하고 기획한 엘스비어(Elsevier)의 저널 중 하나인 『자연기반해법(Nature-Based Solutions)』의 특집호는 환경지속가능성을 위한 자연과학과 아트(art)의 협력에 초점을 맞추고 있다. 이 특집호에 싣게 된 논문 중 하나의 저자인 엘리는 그런 침입종 식물, 특히 도시환경 속에서 우리가 '잡초'라고 여기는 식물들의 생태-사회적 역할에 관심을 두고 작업 중인 에코아티스트다. 그녀는 몇 년 전 나의 습지메조코즘단지를 방문하기도 했었다. 도시의 버려진 다양한 공간에 나타나는 침입종 식물들에 주의를 기울인 그녀의 프로젝트는 침입종 식물들로부터 추출한 천연색소를 커뮤니티 수준의 아트워크로 승화시키는 작업을 해오고 있다. 기후변화시대에 도시에서 식물과 사람들 간의 새로운 관계를 만들어내는 침입종 식물의 새로운 생태-사회적 역할을 드러내는 작업이다. 이런 다양한 접근과 목소리가 반가워서 그녀를 특집호에 초대한 것이었다.

오늘 밖으로 나가 주위에 무성한, 잡초로만 생각해 한번도 주의를 기울여 보지 않았던 식물 하나를 살펴보면 어떨까 싶다. 이름까지 붙여보면 하나의 '의미'가 되어, 더 알고 싶은 마음을 끌어내지 않을까? 사랑은 또 그렇게 시작된다.

11장

외딴섬
부유습지
로맨틱

"…love comes in the form it never takes, in places it can never be…(사랑은 절대 일어나지 않을 것 같은 곳에서, 생각지도 못한 형태로 온다)" 이 글은 미국의 유명한 작가 커트 보니것(Kurt Vonnegut)이 쓴 『Cat's cradle(고양이 요람)』에 나오는 글이다. 미국사람들이 영원히 이런 사랑을 찾아 헤맨다는 내용으로 나를 한눈에 사로잡은 건 그 문장의 일부인 위의 글이다. 해석은 사람에 따라 여러 뜻으로 가능하겠지만, 나는 여기서 늘 믿고 싶었던 무엇을 누군가 글로 적어 놓은 걸 발견했을 때의 희열을 느꼈다. 사랑은 정말이지 가장 기대치 않은 곳에서, 뜻하지 않은 형태로 오기도 한다는 걸 믿으며 늘 열린 마음으로 살려고 했다. 하지만 언제부턴가는 나 자신이 누군가에게 '그런 사랑'이 되어야만 이 삶이 완성될 것 같은 느낌이다.

* * *

"닥터 안, 저기 지나가던, 직원인지 방문객인지 모르겠지만, 몇 사람이 우리한테 '왜 연못에, 뭐하는 짓이냐'고 하며 지나갔어요. 정말 별꼴이야."

다들 정신없이 바쁘게 부유습지(floating wetland)를 조립하고 식재가 거의 끝나가는 중인데 젠과 앤드리아 두 학생이 찡그린 얼굴로 쪼르르 내게 달려와 헐떡거리며 조잘댄다. 학기가 거의 끝나가던 2015년 5월의 어느 날이다. 이 날은 아침 일찍부터 내 수업을 듣는 학생들을 비롯, 몇 달 전부터 한 명 한 명 인터뷰해서 모집한 레인프로젝트 학생그룹(The Rain Project Student Group) 멤버들, 그리고 그들이 데려온 친구나 동료들까지 수많은 학생들이 한 학기 내내 나와 함께 디자인과 제작을 해 온 부유습지를 메이슨폰드(Mason Pond)에 설치하는 날이다. 한 달 전쯤 캠퍼스에서 열린 테드톡(TED Talk)에서 내가 연사로 나서 이미 공고한 탓인지 구경하러 나온 지역 주민들도 꽤 보인다.

나는 2014년 초부터 '레인프로젝트(The Rain Project)'라고 명명한, 다학문적인 학생참여 생태복원 및 연구프로젝트를 디자인하고 하나씩 실천에 옮겨갔다. 교수로서 조금은 혁신적인 수업모델을 만들어 보자는 열망이 있었다. 자연과학, 공학, 비즈니스, 아트, 영화, 미디어 등 다양한 전공의 학생들이 나와 함께 팀이 되어 빗물저장연못(stormwater pond)인 메이슨폰드에 수질정화 및 생태복원을 위한 습지섬을 만들어 띄우는 것이 레인프로젝트의 주목적이었다. 돌아보면 너무나 많은 스토리가 있었던 프로젝트의 긴 여정이 결실을 맺는 날이라 이른 새벽부터 캠퍼스에 나온 흥분된 날이기도 했다.

"어디? 누군데?" 습지식물을 담은 컵을 부유습지의 베이스에 끼워넣느라 정신이 없던 차에 고개를 들어 젠과 앤드리아를 바라보았다.

"누군진 몰라요. 갔어요. 우리가 이건 학생들이 참여하는 환경생태 프로젝트라고, 연못의 물을 깨끗이 하는 부유습지 만드는 거라고 설명했거든요. 근데, 듣지도 않고, 궁시렁대면서 가버리더라구요." 앤드리아가 식물이 든 마지막 컵을 내게 건네며 투덜댄다.

"Haters will hate no matter what. Shake it off. OK?(그런 사람들은 꼭 그래. 그러든지 말든지, 떨쳐버려! 우리 할 일만 하면 돼.)"

둘 다 눈이 동그래져 서로를 쳐다보더니, 약속이나 한 듯 나에게 동시에 고개를 돌리며 외친다.

"닥터 안, 사랑해요!!(Dr. Ahn, we love you so much!!)"

한 학기 이 프로젝트를 준비하면서 다들 많이 친해졌다. 웃으면서 손짓을 하니 계획대로 연못 반대편으로 뛰어가는 사랑스런 학생들이다. 부유습지를 연못의 중앙에 위치시키기 위해 반대편에서 줄을 잡아당길 학생들이 필요하기 때문이다. 그때 한창 유행이었던, 지금은 21세기 아이콘이 되어버린 테일러 스위프트(Talor Swift)의 「Shake it off」란 노래의 가사 몇 소절이 며칠 전 귀에 쏙 들어오길래 한동안 흥얼거렸더니 기억에 남았는지 그들과의 대화 중에 나도 모르게 그냥 나와 버렸던 것 같다. 자기들이 좋아하는 노래의 가사를 인용해 충고를 하니 굉장히 놀라고(일단 내가 그 노래를 알고 있다는 데) 재밌어 하는 것 같았다.

* * *

부유습지는 과거에도 일정 정도 연구가 이루어졌고 적용된 사례도 꽤 있었는데 크게 인기가 없다가 수환경 개선 및 여러 빗물저장연못의 재정비용으로 2000년대 후반부터 다시 조명되며 회자되기 시작한 수환경관리용 인공습지다. 연못이나 호소에서 섬처럼 떠다녀야 하므로 부유성이 있는 다양한 재료와 식물로 만들어진다. 미국에서 유명한 한 회사는(e.g., BioHaven) 요즘 다양한 형태의 부유습지를 골프장에 있는 연못들의 수질개선 및 심미적 조경수단으로 제작하기도 한다. 이미 국립수족관 및 여러 환경단체들이 볼티모어 하버(Baltimore's Inner harbour)에 시범적으로 제작·설치해 사람들의 관심을 끌었다. 부유습지는 현재 그린인프라(Green Infrastructure)로 인식되고 있다.

캠퍼스 한가운데 위치한 메이슨폰드와 같이 조성된 지 오래된 빗물저장연못의 경우, 퇴적도 심하고 비가 올 때면 주변 주차장 등에서 나오는 온갖 오염물질이 유입되곤 한다. 해서 부유습지가 수질정화용으로 적용할 만하다는 생각이었다. 빗물관리용 인공연못은 현재 주거 및 상업용 빌딩, 또는 어떤 형태든 공공건물 커뮤니티를 조성할 때 의무적으로 포함되는 인프라 요소인데 주거지와 사람들을 홍수 및 범람으로부터 보호하기 위해서도 필요하다. 도시 및 개발된 지역은 거의 다 아스팔트와 콘크리트로 뒤덮인 불투수성 표면이라 빗물을 흡수 및 저장할 지역이 부족하다. 조지메이슨대학교엔 건축, 조경 혹은 농업(원예 및 식물학) 관련 학과가 없다보니, 내가 몇 번 언급했지만 연못 주변 관리는 전통적인 잔디 위주의 고탄소경관이며 친환경적이지 않다.

부유습지는 식물의 근권이 발달하면서 뿌리가 물과 접촉이 잘 이루어지면 근권 미생물 활동에 의한 오염유기물과 영양소의 분해 및 전환이 가능하고, 재질이 무엇이냐에 따라 차이는 있겠지만, 침전물을 필터링하는 효과가 있다. 우리 프로젝트는 처음부터 대학본부에서 아주 작은 규모만을 허용하는 바람에 제한된 규모밖에는 할 수 없는 한계가 있었다. 물론 나도 부유습지가 오래되고 퇴적도 심하게 이루어져 준설을 해야 할 시기에 이른 메이슨폰드의 물을 깨끗이 해주리란 기대를 한 것은 아니었다. 그건 실험적으로도 부유습지의 크기가 수질개선을 하려는 수체표면의 10% 이상은 되어야 효과가 있다는 여러 문헌보고가 있었기 때문이었다. 규제 때문에 우리가 만든 부유습지 면적은 50m²였으며, 메이슨폰드 전체 표면적 약 7,100m²의 1%가 채 안되었다.

* * *

이 환경생태 프로젝트를 디자인하면서 내가 주안점을 둔 것은 학생들이 뭔가 다양하게 배울 수 있으면서, 특히 손과 머리를 써서, 무언가를 함께 이뤄내는, 커뮤니티를 형성하는 경험을 가지게 하는 것이었다. 수업시간 입버릇처럼 "너희들은 'We generation'이어야 한다"는 말을 학생들에게 하곤 했는데 구체적인 방법을 제시하진 못했다. 현재의 인류가 직면하고 있는 여러 복잡한 문제를 제대로 이해하기 위해서는 다양한 경험을 가진 사람들이 소통할 수 있어야 하는데 오히려 점점 그 반대로 가고 있는 대학의 구조와 커리큘럼, 그리고 학생들의 수업태도에 대한 내가 할 수 있는 구체적 저항이기도 했다. 스마트폰과 소셜네트워크로 모두 연결된 것 같은 초현실적인 세상에서 아이들은 더 철저히 분리되어 제각각 혼자라는 것을 꽤 오랜 시간 관찰하며 알고 있었다. 특히 수업만 듣고 캠퍼스 밖으로 사라져 버리는 학생들을 보면서, 뭔가 캠퍼스 안에서 여럿이 함께 할 수 있는 프로젝트를 만들어 보고 싶다는 것이 나의 오랜 바람이었다.

프로젝트 초반, 나는 대학의 여러 부서를 찾아다니며 내 아이디어를 설명하거나 면담을 하고 다녔다. "저 아시안 남자(Asian man) 누구야?"라던 의문은 이 부유습지를 설치하는 기념비적인 날, 대학의 여러 고위관계자들이 직접 나와서 참관하는 상황으로 이어졌고 며칠 후 미국의 주요 방송사인 NBS 워싱턴의 취재를 통해 저녁 6시 뉴스로 방송을 타기도 했다.

* * *

학부생을 위한 프로젝트였지만 나름 주어진 상황에서 할 수 있는 생태연구도 프로젝트 구상단계부터 빠뜨리지 않고 챙겼다. 스티브는 야생동물을 공부하겠다면서 석사과정에 들어와 딱히 연구과제를 찾지 못하고 표류하던 많은 학생들 중 하나였다. 2014년 가을 나의 생태모델링 수업을 들으면서 만났는데 2년째 수업조교만 하고 있고 논문 연구주제도 잡지 못한 채 딱히 지도를 받지 못하고 있는 학생이었다. 수업 전체의 주제를 부유습지로 잡고 문헌연구 및 기술적인 측면을 중심으로 진행했던 대학원 수업을 통해 관심을 갖게 된 스티브는 지도교수를 바꿔 나의 석사학생이 되었고 레인프로젝트에 함께 하게 되었다. 스티브의 석사논문은 두 해에 걸쳐 부유습지의 식물생장, 수질개선 및 침전물제거율 등을 모니터링하며 그 효율을 평가하는 것으로 계획했다. 연구비 지원이 있던 프로젝트가 아니어서 이것저것 여러 분석을 해볼 수는 없었지만 간단한 시스템 모델링으로 부족한 부분을 채우게 해서 석사논문을 완성시켰다.

* * *

스티브의 석사연구는 두 개의 논문으로 출간되었는데 모니터링 결과, 설치된 부유습지는 크기가 작아 미미했을 수도 있지만, 연못으로부터 일정량의 질소와 침전물을 제거해 냈고, 여러 수서생물들의 서식처 역할도 했으며, 여름 내내 거북이들과 물새들이 관찰되는 생태섬 노릇을 톡톡히 해냈다. 오래되어 관리가 필요한 메이슨폰드에 사람들이 관심을 갖게 하는 데도 한몫을 했다. 9월 초에 연못관리자들의 독촉에 못 이겨 부유습지를 거둬내야 했지만, 거둬내기 직전까지 자란 습지식물들을 다 수확해 생체량을 재고 식물 속의 탄소 및 질소의 양도 정량했다. 여전히 교육적인 측면이 중심인 프로젝트였지만 과학적인 성과도 놓칠 수 없는 부분이었다. 결과적으로, 2,684g의 총 습지식물생산이 있었고, 3,100g의 침전물을 부유습지가 걸러냈으며, 연못으로부터 191g의 질소를 제거하는 효과를 보였다. 식물생산량은 상대적으로 낮은 편이었지만 습지식물에 의한 질소제거는 아주 작은 규모임에도 불구하고 여러 문헌에 보고된 다른 형태의 부유습지들에 견줄 만했다.

키가 무척 컸던 스티브는 석사를 마치고 메릴랜드에 있는 나사 지구과학분과(NASA Earth Science Division)에 취직된 날 "Dr. Ahn! You are the man!(안 박사님, 모두 당신 덕분이에요!)"라고 말했다. 나와 함께한 시간이 축복이었다는, 하마터면 눈물 날 뻔한 고마운 마음을 전달해 준 학생이었다. 아이일 때 아버지를 일찍 여의고 국가기관에 근무하는 어머니를 따라 중동 등 여러 나라에서 외국인 학교를 다니며 자란 그는, 다국적 환경에서 자라서인지 보통 미국애들과는 분위기가 좀 달랐다. 첨부터 스티브는 편견이 없고 참 바르다라는 좋은 인상을 주었다. 첫인상을 크게 믿지는 않지만, 나도 사람인지라 수많은 학생들을 지도하다 보면 마음이 더 가거나 하나라도 더 가르쳐 주고 싶은 학생이 있기도 하다. 스티브가 내 수업을 한 학기 들은 후 가르치면 되겠다 싶은 확신이 서 시간제 연구원으로 고용했다. 그리고 조언뿐만 아니라 경제적으로도 내가 도울 수 있을 만큼 최대한 지원하여 시작한 일을 성공적으로 마칠 수 있도록 도왔다. 또한 나중에 미국 과학재단의 후원으로 중국 베이징에서 내가 기획한 심포지엄을 주최할 때는 학생으로는 유일하게 연구발표를 위해 함께 데리고 갈 수 있었다. 스티브는 심포지엄 진행 내내 내 옆에서 많은 일을 잘 처리해 주어 어디 내놔도 든든한 학생이었다. 그와 함께 학부생 인턴이었던 앤드류도 팀을 이뤄 여름 내내 부유습지를 모니터링했다.

"자, 이제 공식적으로 부유습지가 론칭(launching)이 되었습니다, 다들 소리 질러!!"

레인프로젝트 멤버이자 아트전공이었던 앤디가 물이 거의 어깨까지 차던 메이슨폰드의 가장 깊은 곳에서 부유습지를 고정하기 위한 콘크리트 블록 두 개를 연못바닥에 떨어뜨리고 나서는 소리친다. 학생들의 함성에 메이슨폰드 주변에 있던 관계자들과 구경 나온 이웃들도 다들 박수를 치며 학생들을 응원한다. 벅찼다. 그래, 벅찬 감정이 올라왔다. 한 학기 동안 프로젝트와 함께 성장한 학생들이 너무 대견했다. 하나씩 물 밖으로 나오면서 서로 부둥켜안고 축하하던 모습은 인생네컷처럼 모두의 마음에 저장되었을 것이다. 앤디가 "닥터 안!!" 소리치며 달려오자 다른 학생들도 우르르 몰려 나를 번쩍 들어 올렸다. "No, no, no, don't…!" 소리쳐도 아이들이 멈추질 않는다. 그렇게 상상도 못했던 헹가래와 함께 나의 마음도 공중부양 중이었다.

레인프로젝트 부유습지는 쉽게 구할 수 있었던 비매트(beemat)라는, 고무 같은 재질이다. 구부러지기도 하고 다양한 형태로 만들 수 있는 물질로 제작되었는데 두께 1.3cm인 에바폼(EVA; ethylene vinyl acetate foam, 에틸렌 바이닐 아세테이트 폼)이었다. 물에 잘 뜨는 재질로 식물의 뿌리가 성장하면서 물과 잘 접촉할 수 있도록 만든 플라스틱 컵을 끼울 수 있는 구멍들을 파 놓은 얇은 매트형식이다. 부유습지는 양 끝에 끈으로 연결된 콘크리트 블록 2개를 이용하여 연못의 중앙부에서 물이 빠져나가는 배출구 근처에 위치시켜 크기는 작지만 흐르는 물과의 접촉효율을 최대한 보장하려 했다.

＊ ＊ ＊

2015년 봄학기 내 수업은 학생들이 드로잉한 다양한 부유습지의 모습 및 형태들에 대해 열띤 토론과 스튜디오 세션으로 가득했다. 지금도 기억나는 토론 에피소드들이 떠오르는데, 부유습지에 식재하게 될 5종류의 습지식물을 고르는데 여러 후보종들을 놓고, 다양성을 따져야 할지(생물학 및 환경학 전공), 생산성을 더 고려해서 수질개선의 효과를 보다 크게 얻어야 할지(공학 및 비지니스 전공), 혹은 심미적인 측면에서 예쁜 색의 꽃들이 피는 습지식물을 심는 게 더 좋을지(미대 전공) 등등, 전공이 무엇인지에 따라, 각각 다른 학생들의 반응과 의견들이 꽤나 재밌었다. 또한 어떤 식물을 부유습지의 중심에 혹은 가장자리에 위치시켜 식재해야 할지, 혹은 연못의 물과 바람의 움직임은 어떻게 고려해야 할지, 비가 많이 오는 날 연못 가장자리로 밀려날 지 모를 부유습지를 연못 중앙에 고정시켜 떠 있게 하려면 어떤 방법이 좋을지 등등 많은 의견과 개선점들이 나왔다. 이런 디자인 세션들 속에서 서로의 의견을 존중하면서 열띤 토론을 하는 학생들과 함께하는 수업시간은 교수로서 가장 즐거운 시간 중 하나였다. 대부분이 자연과학 전공인 학생들은 오랜만에 대학수업 중 드로잉 작업에 참여해야 했으며 나름 재밌어 하는 듯 보였다. 어떤 모양의 부유습지를 만들지, 어떤 식물을 심을지, 연못의 수문조건은 어떻게 고려해야 하는지 등등 많은 질문들에 충분한 문헌연구와 자료를 수집해 스스로 답해 가면서 팀별 작업을 했다. 팀들끼리의 경쟁을 통해 전체가 가장 많이 선호하는 형태와 방법을, 실용가능성을 염두에 두고 최종선택을 하는 과정을 밟았다. 학생들은 그러는 동안 습지생태학의 기본적인 것들도 자연스레 배워가고 있었다.

프로젝트 수업 동안 학생들과 정말 많이 웃을 수 있었던 것도 축복이었다. 한 명도 뒤쳐지거나 중간에 포기하지 않고 다 같이, 함께 해내자는 믿음을 끊임없이 주자 아이들도 내게 선물 같은 믿음을 선사했다. 학생들은 만장일치로 나의 과거경험에 대한 경의를 표하듯, 콩팥 모양을 최종 부유습지의 형태로 결정하고 비매트를 콩팥 모양으로 잘라 재구성해 두 개의 부유습지를 만들어 하나로 연결했다

수업의 일부와 설치 당일의 활동들을 필름으로 만들기 위해 영상촬영도 기획해서 진행했고, 우리의 그런 예사롭지 않은 활동들이 알려지자 학교 미디어실 담당자이자 사진가인 에디는 고맙게도 부유습지 설치 당일 직접 비디오카메라 촬영을 하고 몇몇 학생들의 인터뷰를 편집해 몇 달 후 영상을 만들어 주기도 했다.

* * *

이른 아침부터 시작한 설치가 점심시간쯤 끝났다. 점심식사 후 오후는 내가 미리 주선해서 방문한 토마스 제퍼슨 과학기술고등학교 (Thomas Jefferson Science and Technology High School, TJ)에서 온 학생들

과 과학선생님인 리사를 청중으로 메이슨폰드 앞에서 야외 포스터 발표가 예정되어 있었다. 성적에 들어가는 수업의 한 부분이기도 했던 활동으로 내 학부수업에서 한동안 실행해 온 '동료간 발표'에서 한 걸음 더 나아간 것이었다. 즉, 나의 학부생들이 자신들이 한 학기 내내 공부하고 연구했던 것들의 결과물을 같은 수업을 들은 다른 학생들 앞이 아니라, 전혀 다른 청중들 앞에서 발표하게 하는 것이다. 특히 발표의 주제에 관해 아무것도 모르는, 즉 사전지식이 없는 청중들에게. 이렇게 하면, 함께 수업을 들은 학생들 사이에서는 당연하게 아는 것들이라 질문할 필요조차 없는 것들에 대해서도 질문을 받고 당혹스러울 수도 있다. 또한 사전지식이 없는 상대가 이해할 수 있을 정도까지 풀어서 쉽게 설명하려는 노력을 해보게 되는 것이다. 그 과정이 해당 과목을 온전히 배우는 데 효과적이라는 것이 나의 생각이었다. 자신들보다 나이는 조금 어린 과학고등학교 영재들의 질문에 진땀을 빼며 발표를 완수하는 내 학부생들의 모습에 뿌듯했다. 담임선생님인 리사는 후에 고맙게도 나를 TJ의 과학실험실에 초대해 줘 방문했었는데, 웬만한 대학의 자연과학 실험실보다 크고 많은 시설이 잘 갖춰져 있는 모습이 인상적이었다.

레인프로젝트는 정말이지 캠퍼스 내 수많은 부서와 사람들의 도움이 있었기에 가능했다. 지금도 교수로서 내가 한 일 중 가장 잘한 일이라는 자부심이 있다. 그럴 만큼 학생들의 반응도 컸고, 교수로서 내가 하고 싶은 일을 찾는 과정이기도 했다. 계속되는 도시화로

조지메이슨대학교 캠퍼스에 있는 메이슨폰드에 지속가능한 빗물관리방안을 다루는 학제간 학생 그룹 연구 및 학술 프로젝트인 '레인프로젝트'의 부유습지를 학생들과 함께 조립하여 2015년 5월에 설치하는 장면이다. ⓒ Evan Cantwell

2050년이면 전 세계 인구의 대부분이 '도시'에 살게 된다. 레인프로젝트는 기후위기시대에 도시지역의 지속가능한 빗물관리에 대한 의식을 높이고 캠퍼스커뮤니티로서 할 수 있는 환경관리 및 복원의 성공적인 모델로 기억될 것이다. 또한 참가한 모든 학생들의 '생태학적 문해력'을 키우고, 다르지만 '함께' 여러 복잡한 문제들을 의논하며 생각을 나눌 수 있는 소중한 경험을 제공했다. 배경, 전공, 삶의 경험 등, 그것이 무엇이건 다 다른 사람들이 모여 일을 도모할 때 서로에 대한 인간으로서의 존중은 기본인데, 멘토로서 모든 학생들이 그것도 체험했기를 바라는 마음 가득하다.

* * *

생태학엔 '창발성(emergent property)'이란 개념이 있다. 작은 부분들이 모여 더 큰 복잡한 계를 이룰 때 전체는 부분의 합보다 크다는 개념인데, 유진 오덤의 『생태학』을 듣던 학부 3학년 때부터 관심이 가던 개념이었다. 지난 한 세기 동안 학문은 전문화(specialization)를 통해 잘게 잘게 쪼개져, 발견된 새로운 사실이나 지식을 다른 학문분야 간에 어떻게 공유하거나 통합할 수 있을까에 대한 성찰이 많이 부족하다. 분야마다 특수용어 및 표현들로 가득해 같은 언어를 쓰는 사람들 사이에서도 쉽게 이해할 수 없는 벽이 생긴 지 이미 오래다.

더욱이 현재 미국대학의 수많은 단과대학들과 학과들의 전통적 구조는 다학문적 교류나 협력이 쉽지 않다. 말로는 찬양 및 격려하는 경우가 왕왕 있지만, 실제로 다학문간 교류를 제대로 장려하거나 가능하게 하는 체계가 되어있지 않다. 또한 승진 및 테뉴어를 위한 교수평가방법만 봐도 지극히 학제적(discplinary)이다. 진정한 학제 간 연구(interdisciplinarity)는 'inter-'에 있는데 서로 다른 분야와의 교류가 이루어지는 데는 '창발성'에 대한 이해와 믿음이 핵심이다. 다학문 간, 다문화 간, 다양한 사람 간의 교류에서 생긴 창발을 통한 교육의 혁신이 가능하다고 믿고 방법을 찾고 싶었다. 이는 'You can do more together than alone(같이 하면 혼자 할 때보다 뭔가 더 새로운 무엇을 이룰 수 있다)'라는 생각으로 2009년 테뉴어를 받고 나서부터 더욱 교수로서 천착하던 생각이다. 레인프로젝트를 디자인하면서, 의식적으로 다양한 전공의 학생들로 팀을 짠 것도, 수업에서, 배움에서, 그리고 프로젝트의 과정과 결과물에서 '창발'이 있기를 바랐기 때문이다. 그리고 그 창발된 무엇을 가능케 하는 숨겨진 기제를 알아내고 싶은 지극히 시스템생태학자적인 호기심을 대학교육에 반영한 것이라고 할까…. 한편으로는, 지난 수년간의 나의 이런 경험은 다학문적인 무엇을 하는 것이 얼마나 힘든 일인지를 체험하는 기회이기도 했다.

* * *

학계(academia)가 어떤 곳인가? 징그러울 만큼 자아가 강한 사람들이 모인 집단이다. 오죽하면, 박사학위 있는 사람 몇 명을 모아놓고 어떤 결정을 내리라고 하면 하루 종일 아무 결정도 내리지 못하는 경우가 대부분이라고 하는데, 농담이 아닐 수도 있다. 학문적 고립(academic silo)에 대한 개탄은 너무 오래되어 식상할 정도다. 스노우 (C.P. Snow)는 이를 한때 '두 개의 문화(Two Cultures)'라고 표현했으며 대학교육은 기술 및 과학적 소양을 갖춘 인력을 사회에 공급하고, 시민들에게는 전통적인 인문학, 특히 인문학과 예술에서 얻은 분석적 관점을 제공하는 이중임무 사이의 끊임없는 긴장이라고 묘사했다.

최근, 많은 미국 주립대학들의 재정운영모델이 전공들 간의 분리를 더욱 심화시켰다. 서로 다른 과나 단과대학의 사람들이 협력했더라도 그 결과물을 바탕으로 각각의 개인이 참여한 일과 업적을 정량적으로 평가할 수 있는 상세한 방법들이 개발되어 있지 않다. 있다고 해도 충분치 않은 상황이니, 지금의 이런 구조는 학제 간 연구를 지원할 수 있게 되어 있지 않다. 학제 간 연구가 되려면 대학의 구조 및 기능의 조정 혹은 리모델링이 불가피한데 여러 이해관계들이 맞물려 있으니 실행하기가 말처럼 쉽지 않은 일이다. 더욱이, 다양한 배경과 문화의 사람들이 그저 모였다 흩어지는 것이 아닌, 진정한 창발을 끌어내려면 창조적인 상호작용의 틀을 잘 짜야 한다. 그런 틀을 짜는 중에도 서로에 대한 존중은 기본이고 어느 정도 신뢰가 형성되는 것이 우선되어야 한다.

* * *

오랜 외국생활에서 마음을 다스려야 할 때마다 가까이 두었던 틱낫한(Thich Nhat Hanh)의 말씀들 중에는 '인터빙(interbeing)'이란 말이 있는데 생태학의 정신 '모든 것은 그 외의 모든 것들과 연결되어 있다'를 이렇게 간단히 한 단어로 표현한 경우도 드물 것이다. 물론 사전엔 없는 말이다. 그가 얘기하는 "Interbeing"은 접두사인 'inter-'와 동사 'to be'를 합친 단어다. 종이 한 장을 눈앞에 놓고 깊이 들여다보면 그 속에서 구름, 비, 태양, 나무, 흙, 사람들, 시간, 공간, 지구 전체 및 우리의 마음을 보고 느낄 수 있다는 것인데, 내가 존재한다는 것은(to be) 결국 나 외에 세상 모든 것들이 존재하기에 성립된다는(to inter-be) 의미이기도 하다. 즉, 종이가 존재하는 것은 결국 그 외 세상의 모든 것이 존재하기 때문이라는 것. 종이는 또 하나의 '창발'인 것이다. 그 속에 우주 삼라만상이 담겨있다는 뜻으로, 인터빙은 시스템 생태학에서 하워드 오덤이 만든 '에머지(emergy)'란 개념과도 일맥상통한다.

'Emergy'는 Energy의 철자를 잘못 쓴 게 아니다. 에머지는 에너지 메모리(Energy Memory)라는 의미를 가진 단어이자 오덤 박사가 이뤄낸 시스템생태학의 한 분야로 1995년에 첫판이 나온 『환경 회계: 에머지 및 환경 의사결정(Environmental Accounting: Emergy and Environmental Decision Making)』이라는 책에 잘 소개되어 있다. 이 에머지 개념은 '한 가지 서비스나 생산물을 만드는 과정에 직간접적으로 이미 소모한 모든 에너지를 한 종류의 에너지, 즉 태양에너지로 변환한 것을 뜻한다. 에머지는 실제 에너지량이 아니라 어떤 대상 또는 생물의 에너지 기억, 즉 이들을 만드는 데 들어간 에너지를 말한다.

이걸 계산하려면 모든 것을 얼마만큼의 태양에너지가 쓰였느냐로 환산해야 한다. 즉, '에너지의 기억'을 따라가며 연관된 모든 것을 파악하는 과정이다. 많은 인간활동의 지속가능성을 평가하는 지표로도 쓰이며 적용되어 왔다.

* * *

레인프로젝트를 기획하기 몇 년 전부터 생태 및 환경분야의 다양한 주제로 작업하는 아티스트들을 초대해 그들의 생각과 경험을 학생들과 나누게 하는 강의시리즈를 만들고 운영했었다. 지금은 운명을 달리한 아티스트 재키 브루크너(Jackie Brookner, 1945~2015)를 만난 날의 기억이 너무도 또렷하다. 그녀의 『도시의 비: 자원으로서의 빗물(Urban Rain: stormwater as resource)』이라는 책에서 다양한 생물조각(biosculpture)들을 보고 레인프로젝트와 잘 어울리는 주제라 꼭 그녀를 모셔야겠다고 생각해 기회를 엿보고 있었다. 뉴욕 파슨스디자인스쿨에서 오랫동안 강의도 해 온 그녀를 만나기 위해 뉴욕을 찾은 건 2014년 어느 여름날 오후였다. 주소를 받아 들고 한참을 헤매다 찾은 곳은, 그녀가 40년 동안 살아온 집이자 스튜디오였던 공간으로 뉴욕시가 가난한 예술가들에 대한 배려로 임대료를 거의 올리지 않고 살게 해 준 조그만 아파트였다.

조지메이슨대학교에 모시기 전 연사들을 일일이 1년 전 혹은 최소한 한 학기 전에 만나거나 방문해서 직접 세미나 내용에 대해 토론 및 조율을 하고 초청을 확답받는 형식을 취했던 나는, 그 과정에서 다양한 아티스트를 만나게 되고 그들의 생각과 삶을 접하게 되었다. 그리고 내가 직접 경험한 것을 학기 중에 학생들과 바로바로 나누려 했다. 재키는 아티스트로서 여러 다양한 생태복원 프로젝트를 해왔기에 서로의 대화가 낯설지 않았고, 그녀는 내게 과학자로서 경험할 수 없는 부분의 통찰과 지혜를 나눠 주기도 했다. 생태복원에서 아트는 문화적, 사회적, 역사적, 그리고 지리적 문맥을 만들고 통합할 수 있는 도구이다. 보통 길어야 1시간 정도 예상했던 우리의 만남은 4시간 가까이 이어졌다. 식은 찻잔을 다시 우려낸 차로 데우면서 서로의 생각과 삶의 경험을 나누는 시간이었다. 특히 서로 다른 삶을 살아온 아티스트로서의 그녀와 과학자로서의 나를 빠르게 연결시킨 것은 '시스템적 사고(system thinking)'였고 대화 중에 나온 틱낫한의 '인터빙'에 "아!" 하며 서로 무릎을 칠 수밖에 없었다. 그렇게 오후 내내 이어진 그녀와의 시간은 결국 해가 떨어져 저녁시간이 되어서야 접을 수 있었다.

불행하게도 그녀는 조지메이슨에 오기로 한 날 5일 전에 폐암으로 세상을 떠났다. 돌아가시기 전 미리 내게 직접 전화를 해 소식을 전한 그녀의 힘없는 목소리에 무척 놀라고 슬펐다. 그 힘든 와중에도 친구인 다른 비디오 아티스트의 도움을 받아 자신의 메시지를 나의 제안대로 짧은 영상에 담아주었다. 그녀 대신 스테이시 리비(Stacy Levy)라는 비슷한 작업을 하는 차세대 아티스트를 모실 수 있었다.

나는 계획대로 재키의 영상으로 세미나를 시작해서 스테이시를 소개하는 방식으로 행사를 기획해 학생들이 영상으로나마 재키를 만날 수 있게 했다. 몇 달 후 파슨스에서 있었던 추모식에 참가하기 위해 시간을 내어 다시 뉴욕을 찾았다. 처음 보는 사람과 나눈 짧은 오후의 몇 시간이었지만, 재키와 내가 서로에게 느낀 깊은 이해와 연결에 대한 기억은 내게 무척 소중했다. 내가 오랫동안 멤버로 있는 국제생태계복원학회(SER; Society of Ecosystem Restoration)는 뉴스레터에 그녀의 부고를 다음과 같이 실었다.

과학자는 하드코어 연구를, 예술가는 소프트 아웃리치만을 담당하는 것이 아니라, 서로 다른 학문 사이의 공간에서 발생하는 역학관계가 시스템 차원의 복잡한 문제를 해결하는 데 필요한 많은 정보를 제공한다.

＊ ＊ ＊

나는 연꽃을 좋아한다. 워싱턴 디시 북동쪽에는 아나코스티아(Anacostia)강 옆으로 케닐워스 수생식물가든(Kennilworth Aquatic Garden)이라는 국립공원공단이 관리하는 공원이 있다. 때가 되면 수많은 종류의 연꽃들이 만개하는 곳이다. 습지생태학 수업의 일환으로 학생들과 함께 방문한 적도 있고, 코로나19 때 방문해 마음을 삭이던 장소이기도 하다. 여러 개의 연못이 있는 이곳에는 500년 된 연꽃부터 다양한 새들과 수생동물들도 만날 수 있다. 2003년 교수로

부임해 오던 해에 처음 방문해 진분홍색의 만개한 연꽃을 사진으로 찍어 오랫동안 내 컴퓨터와 핸드폰의 배경사진으로 간직했었다. 진흙탕 속에서 피어나는 연꽃! 더러운 오염물질들을 흡수하여 꽃으로 피어나는 그 자체가 Zen(젠; 선, 禪)인데 '나의 삶도 이럴 수 있다면 좋겠다'는 생각이었다. 더러워 보이는 진흙탕 물속은 가장 혼돈스러운 삶의 본질을 보여주는 듯하고, 그런 곳에서 피어나는 연꽃은 '이 눈부신 아름다움을 가능케 하는 것이 바로 그 혼돈의 상태'라는 것을 상기시켜 준다. 삶은 대부분이 힘겹고 퍽퍽하며 살아내려는 혼돈 속 투쟁으로 점철되지만 짜릿하리만큼 아주 잠깐씩 아름다운 순간들을 허락한다. 부유습지 프로젝트를 통해 조금이나마 이런 생각들을 학생들과 나눌 수 있었던 것은 내게 큰 축복이었다.

"You are an island, Changwoo(창우, 넌 섬이야)."라고 다른 학과의 동료 시니어 교수가 내 면전에 대고 지적한다. 그저 알고 있던 것을 확인사살 당하는 기분은 잠시지만 피할 수 없었던 것 같다. 당혹스러우면서도 서러운 가슴이 쿵 하고, 마치 나쁜 짓하다 들킨 것 마냥 아래로 떨어지는 느낌을 온 힘을 다해 감추며 태연한 척 미소를 유지하고 있는 나도 이 순간은 참 위선적이다. 하루 종일 해가 보이지 않고 구름이 잔뜩 끼었던 몇 년 전 금요일 오후였다. 학과의 골치 아픈 문제를 상의하고자 찾았던 그의 사무실에서 들은 말이었다. 내 사무실로 터벅터벅 걸어오면서 이런저런 생각에 조금은 의기소침해졌다. 미국에 살면서 내가 이방인인 것을 잊은 적은 없지만, 종종 부탁도 하

습지생태학 수업의 일환으로 학생들과 처음 방문했던 워싱턴 디시 북동쪽 아나코스티아강 옆에
위치한 케닐워스 수생식물가든에서 2003년 초가을 찍은 연꽃이다.

지 않았던 리마인더(reminder)를 해주는 반갑지 않은 일들은 지금도 끊임없이 생겨난다. 그래서 더더욱 자기연민에 빠지지 않기 위해 무던히도 애를 쓰면 살아왔던 것 같다. 인종차별이니 아시안 혐오니, 이렇게 거창하게 이름을 달 수도 없고, 그러고 싶은 생각도 없는 미묘한 수많은 상황들조차도 아무리 겪고 또 겪어도 그때마다 늘 새롭다. 불공정하다고 생각하는 일마다 시시비비를 따지는 내가 (그것도 딱 한번) 그들에게는 '착하지 않은? 혹은 늘 웃는 얼굴로 친절해야 하는데 그렇지 않은' 좀 이상한 동양인인지 모르겠다. 섬이라니…. 생물학자인 사람의 입에서 나온 말이라 좀 더 우습긴 하다. 이 세상 어떤 것도 혼자 존재하는 것은 없기 때문이다.

* * *

한때 생물학자였던 델리아 오언스(Delia Owens)의 장편소설 『가재가 노래하는 곳(Where the Crawdads Sing)』은 2022년 영화로 만들어질 만큼 전 세계적인 사랑을 받은 작품이다. 다양한 생명이 살아 숨 쉬지만 인간이 살기에는 너무나 끔찍한 습지환경에 혼자 남겨진 여섯 살짜리 꼬마, 습지소녀 카야의 이야기를 담아냈다. 최근 몇 년 동안 읽은 소설 중 가장 기억에 남는다. 철저하게 혼자인 카야가 느끼는 쓰라린 외로움의 정서는 똑같지는 않지만 많은 독자들에게 그랬듯 나에게도 울림이 컸다. '마쉬(marsh)'와 '늪(swamp)', 크게 두 챕터로 구성된 책의 주인공 카야의 이야기는 허구지만 잠시 이방인인 나의 삶이 투영되며 위로가 되기도 했다. 아마도 이 소설이 그렇게까지 인기를 독차지했던 것은 지금을 사는 많은 사람들이 삶 속에서 투쟁하며 느끼는 고립과 외로움에 크게 공감했기 때문인지도 모른다. 책을 읽는 동안 여러 번 눈앞이 흐려졌다. 흔들리는 글자들을 몇 초라도 응시하고 있으면 슬픔은 더욱 힘을 얻어 소용돌이가 되어 나를 심연으로 빨아들이는 것 같았다. 그럼 울컥하는 마음에 잠시 중단했다가, '후~' 하고 긴 숨을 한번 뱉어내고 다시 책장을 넘기기도 했다. 살다 보면 눈으로 흘러야 하는 눈물이 목에서 삼켜져 버리고 마는 수많은 순간들이 있다.

이 소설의 작가인 델리아 오언스를 조지메이슨대학교 캠퍼스에서 매년 개최하는 가을책행사(Fall for the Books)에서 직접 만나기도 했다. "어떻게 문장 하나하나를 단순히 눈앞에 펼쳐지게 할 뿐만 아니라, 이토록 아프고 아름답게 묘사할 수 있어요?"라는 나의 찬사와 질문에 그녀는 살포시 미소 지으며 대답 대신 자신의 양 어깨를 살짝 들어올렸다 내렸다. 가까이서 얘기를 나눈 그녀의 호흡과 노년의 나이에도 찰랑거리던 은발이 잊히지 않는다. 마침 한국에 갔다 오며 사온 한국어판을 보여주니, 자신의 책의 외국어판을 직접 보는 것은 처음이라며 아이같이 기뻐하던 모습까지도. "인간성에 대해 우린 자연으로부터 많이 배울 수 있어요, 그리고 혼자 있을 때 우리의 감정들은 증폭되지요. 삶은 결국 그 어두움으로부터 빛을 찾는 과정인 것 같아요." 델리아의 말에 나도 가벼운 미소로 화답했다.

　말도 문화도 다른 외국에서 살다 보면 일본 작가 하루키의 한 수필집 제목처럼 『슬픈 외국어』의 순간을 경험하는 일이 비일비재하다. 마음이 찢기고 우울함에 짓눌리는 수많은 순간들은 영어와 한국어 사이의 틈에 끼어 입 밖으로 말이 되어 나오지 못하고 마음속 어딘가의 서랍속으로 숨어버린다. 그래서 쓰는 일이 중요하다. 손으로 직접 펜을 들고 삶의 저널을 기록하는 일은 큰 힐링이 된다. 교수란 직업은 어쩔 수 없이 말하고 쓰는 일에 많은 시간을 보내야 한다. 또한 정말 많은 시간을 혼자 보내야 한다. 그걸 할 수 있고, 좋아하며, 또한 필요로 해야 교수란 직업을 할 수 있지 않나 싶다. 그 시니어 교수가 말했듯이 내가 학과에서 '섬'인 것은 맞다. 그러나 난 떠 있는 섬인 부유습지다. 그것도 학생들의 지지와 사랑으로 떠 있는 섬! 이렇게 나의 '외딴섬 부유습지 로맨틱'(잔나비의 '외딴섬 로맨틱'이라는 노래를 얼마 전 알게 되어 좋아하게 됐다)은 여전히 진행 중이다.

　내가 좋아하는 미국 작가 제임스 볼드윈(James Baldwin)의 글로 이 장을 마치고 싶다. 지난 학기 마지막 수업시간 끝에 학생들과 나누기도 했던 글이다. 울림이 있는 글과 말로 유명한, 그가 말하는 그런 '사랑'이 되어가는 살아내기의 용기가 나에게도, 학생들에게도 늘 함께하기를 바라면서.

　사랑은 우리가 이거 없이는 살 수 없다고 두려워하지만 그렇다고 그 안에 숨어서만 살 수 없다는 것을 잘 알고 있는 가면을 벗겨준다. 난 여기서 '사랑'이라는 단어를 단순히 개인적인 의미로만이 아닌 존재의 상태 혹은 은총의 상태로 사용하는데, 그렇다고 행복해진다는 유아적인 의미가 아니라 거칠고 보편적인 의미의 탐구, 대담함, 성장을 뜻하는 것으로 사용한다.

-제임스 볼드윈, 『다음엔 불(The Fire Next Time)』에서

12장

생태학과
예술 사이
어디쯤

　마음이 우울하거나 허한 날엔 종종 미술관을 찾았다. 워싱턴 디시에는 많은 사람들에게 잘 알려져 있는 스미소니언 박물관을 비롯해 무료로 입장이 가능한 많은 미술관 및 박물관이 있다. 내가 디시에서 가장 좋아하고 자주 찾는 곳은 허시혼박물관(Hirshhorn Museum)과 국립미술관(National Gallery of Art)이다. 특히 국립미술관 앞 조각공원에서 마음을 달래고 기운을 냈다. 프리어미술관(Freer Gallery of Art)과 스미소니언 박물관을 지나 허시혼에 이르면 늘 새로운 전시들에 흥분했던 적도 여러 번이다. 그 외에도 스미소니언 아메리칸 미술관과 렌윅미술관(Renwick Gallery)도 여러 번 방문했던 곳이며, 필립스컬렉션(The Phillips Collection)이나 루벨박물관(Rubell Museum DC)같이 작지만 특징있는 주제의 전시를 하는 곳들도 좋아한다. 어느 날은 그냥 오래된 서양 인물화 하나에서도 말로 형용할 수 없는 '위로'를 받는 때가 있다. 공통된 휴머니티가 느껴지기 때문이다. 팬데믹 중에 에드워드 호퍼(Edward Hopper)의 그림들이 다시 주목받고 그림 속 고독한 현대인의 자화상에 고립되고 단절된 수많은 사람들이 위로받기도 했다. 나이를 먹을수록 즐기는 마음으로 때로는 공부하는 마음으로 또 때로는 머리를 식히거나 자극을 받기 위해 미술관을 찾고 있다.

＊ ＊ ＊

미국에 와서 처음 정착한 오하이오주의 수도 콜럼버스는 미국에
서 나의 고향이라고 할 만큼 학생시절 수많은 기억과 추억이 있긴 곳
이지만 도시 자체가 내 마음에 뿌리를 내리고 자란 것은 아니다. 미국
에서 유일하게 내가 그런 느낌을 가지게 되는 도시는 뉴욕이다. 뉴욕
은 내게 미국에서 가장 심적인 안정을 주는 도시이다. 교수가 되어 워
싱턴 디시 주변으로 이사하면서 향수병이 느껴질 때면 1년에 적어도
한두 번은 뉴욕을 찾았는데, 대부분 하루 혹은 길어야 이틀이 채 안
되는 짧은 여행들이었지만 매번 미술관 하나씩은 꼭 들렀다. 생태예
술가들과 함께하는 강의시리즈를 진행했던 몇 년 동안에도 아티스트
들을 만나기 위해 뉴욕에 갈 일이 여러 번 있었다.

편한 복장에 운동화를 신고 작정하고 몇 시간을 투자해야 전시
하나라도 제대로 볼 수 있다. 그 어떤 것보다도 육체적으로 쉽지 않
은 일이 전시 제대로 보는 일인데 언제부턴가 내 자신이 너무나 즐기
는 일이 되었다. 특히 뉴욕 현대미술관(MOMA; The Museum of Modern
Art)이 가장 많이 방문했던 곳이며, 기회가 되면 메트로폴리탄 박물관
(The Met)의 기획전을 찾아서 보고 다니기도 했다. 육체적인 노동을
각오하고, 제대로 몸 컨디션도 잘 조절해야 내가 필요한 위안을 얻을
수 있다. 미술을 제대로 배워본 경험도 없고 지식도 많지 않지만, 지

극히 개인적 관심과 종종 받게 되는 힐링과 새로운 에너지에 나도 모르게 끌렸다. 언젠가 기회가 되면 제대로 공부해 보고 싶은 마음도 있다.

예술이 가지는 힘은 한마디로 표현하기 어렵다. 마음이 힘들 때, 차별받는다고 느끼고 집에 온 날, 영어로 혹은 한국어로도 표현되지 않는 무엇이 마음을 무겁게 할 때, 내가 미술작품에서 느꼈던 위안은 지금까지 살아내는 데 큰 힘이 되곤 했다.

경계는 갈망이다. 경계인으로 살다 보니 양쪽의 모든 것을 더 깊게 들여다보게 되는 나는 다른 것들이 만나는 지점에서의 다양하고도 역동적인 아이덴티티와 그들의 삶에 늘 관심이 있다. 이런 관심은 내가 가르치고 연구하는 습지생태학 및 생태복원으로 이어지기도 한다. 그래서 생태예술가들을 초대하는 강의도 만들었던 것이다. 살면서, 자신을 끊임없이 돌아보며 자신의 마음가짐을 알아채는 혹은 그 마음의 상태를 명확하게 인지하는 것이 중요한데, 의식적이며 지속적인 에너지를 들여야 해서 훈련이 필요한 일이다. 종종, 그런 에너지를 미술작품 하나를 감상하며 얻기도 한다.

* * *

내가 가장 좋아하는 습지아티스트는 인상파 화가 클로드 모네 (Claude Monet, 1840~1926)다. 습지아티스트라고 명명하는 건 약간 억

지일 수도 있겠지만, 물과 만나는 빛의 움직임이 기가 막힌 그의 작품들은 볼 때마다 새롭고 경탄하게 된다. 그의 「수련이 있는 연못(The Water Lily Pond)」은 내가 좋아하는 작품 중 하나로 나의 홈오피스에도 복사본이 걸려 있다. 몇 년 전 시작해 뉴욕의 MOMA에서 여전히 진행 중인 전시인 '클로드 모네의 수련(Claude Monet's Water Lilies)'을 통해 그의 작품을 다시 보는 경험은 그 무엇과도 바꿀 수 없는 행복한 순간이었다. 자연의 아름다움을 색채로 전달하는 모네의 수련 연작은 보고 있으면 그가 빛과 그 움직임을 정확히 보고 있었음에 놀라고 또한 색채로 그걸 표현할 수 있었던 그의 능력에 탄복하지 않을 수 없다. 비슷한 듯하지만 시간과 날씨에 따라 일어나는 자연의 변화를 정확히 포착해서 담아내 가만히 응시하고 있으면 마치 살아 있는 듯이 느껴지며 강렬하게 다가온다.

어릴 땐 아버지가 왜 미술을 좋아하시는지 몰랐다. 지금도 정확한 동기는 알 수 없다. 나의 미술에 대한 관심은 40대를 지나면서 제대로 발현되기 시작했다. 그러면서 오랫동안 혼자 조용히 좋아하시던 아버지의 미술에 대한 관심이 마음으로 이해가 되고, 좋아하시던 한국 현대미술 작가들의 작품을 관심을 가지고 찾아보거나 접하게 되었다. 그 옛날 『월간문학』의 표지 그림을 그려주고 생계를 이어가던 예술가의 엽서 한 장만 한 작품을 함께 보면서 나란히 방에 앉아 아버지와 보내는 시간이 얼마나 소중한 시간인지 아는 나이도 되었다. 최근 몇 년은 한국을 방문하게 되면 미술관이나 박물관을 찾아다니며 사진을 찍고, 잘 만들어진 도록들을 사서 보여드린다. 그러면 비록 다니실 수는 없어도 보는 것만으로도 좋아하셔서 많은 대화를 할 기회가 되기도 한다. 한번은 함께 택시를 타고 가면서 하는 우리의 대화를 들은 연배가 좀 되시는 기사분이 "어떻게 다 큰 아들과 그렇게 친구처럼 얘기를 하시냐"며 부러워하신다. 멀리 떨어져서 자주 보지도 못하는 아들과 아버지이고 늘 짧은 시간의 만남이지만, 말하지 않아도 훨씬 강렬하게 서로에 대한 사랑을 확인하는 시간이 되기도 한다. 생각하기도 싫지만, 아버지가 돌아가시면 이런 한국 현대미술 얘기를 함께 도란도란 나눌 사람은 한 사람도 떠오르지 않는다. 지금 한국에서의 나는 또 다른 이방인일 뿐이다. 그저 '오래오래 건강히 계셔 주셨으면…' 하는 욕심 가득한 마음이다.

* * *

"창우, 너무 고마워." 베찌 데이먼(Betsy Damon)은 천천히 내가 불러준 택시에 타고 고개를 창문으로 내밀며 인사를 한다. "기사님, 잘 모셔드려요. 부탁해요." 그녀는 내 어머니보다도 나이가 많은 분이라 더 극진히 신경을 썼다. 강의시리즈를 위해 캠퍼스에 초청한 그녀의 발표가 끝나고 캠퍼스 밖 레스토랑에서 늦은 저녁을 함께 한 후, 알링턴(Arlington)에 사는 여조카의 집에서 하루 더 머물고 뉴욕으로 돌아가신다고 해서 택시를 불러 그녀를 조심스레 배웅했다.

'물은 생명이다(Water is life)'란 제목의 강연을 통해 생태페미니스트 아티스트(ecofeminist artist)로 평생을 살아온 그녀의 삶과 일 이야기를 학생들과 나누는 일은 벅찼다. 시각 및 공연예술대학의 학장인 리차드도 날 응원해 주기 위해 참석했고, 강연실이 꽉 차 뒤쪽은 서 있는 학생들도 보였다. 그녀를 초청하기 위해 몇 달 전 내가 직접 브루클린에 있는 그녀의 집을 찾았었다. '물을 지키는 사람들(Keepers of the Waters)'이란 비영리 단체를 운영하며 물과 관련된 수많은 프로젝트를 해 온 그녀의 많은 작품 중 하나를 꼽자면 단연코 1998년 그녀가 중국 쓰촨성 청두시의 후난강(Hunan River) 변에 만든 '생명의물 정원(The Living Water Garden)'이다. 중국의 공무원들과 여러 해 함께 일하며 총 8년을 중국에 살기도 했던 그녀는 이 공원을 세계 최초의 물을 주제로 한 생태·환경공원으로 조성한 것이다. 조경학자인 마지 러딕(Margie Ruddick)과 콜라보한 것으로 알려져 있다. 생명의물 정원은 그 안에 인공습지가 조성되어 생태학적 수처리를 통합적으로 담당하고 있으며 환경교육센터도 있다. 후난강의 물은 이곳을 통과해 정수 처리된 후 다시 강으로 돌아간다. 매일 약 20만 리터의 물을 처리하는 것으로 알려져 있다. 유엔헤비테트상(UN Habitat Award) 및 수많은 상을 수상한 이 유명한 공원은 청두에서 가장 많은 사람들이 방문한 공원 중 하나라고 한다.

몇 년 전 중국 창수(Changshu)에서 열렸던 세계생태학회(INTECOL; International Congress of Ecology)에 연사로 초청되어 나와 재회한 베찌는 올해 85세지만 여전히 현역이다. 작년에 발간된 그녀의 책에 간단한 소개문구를 부탁받아 써 주기도 했다. 또한 구겐하임펠로우

(Guggenheim fellow)로 선정된 그녀에게 축하를 보내며 인연을 계속 이어오고 있다. 나는 학생들에게 수생태학 강의를 하기 전에 채 5분이 안되는 그녀의 짧은 영상을 보여주는데, 우리 심장의 75%와 두뇌의 78%를 차지하는 물, 즉 우리 생명 자체가 '물'이라는 것을 새롭게 상기시키고 물을 대하는 우리의 자세와 삶의 방식에 대한 구체적인 메시지를 담아 수업을 진행하고 있다. 물소리와 함께 인체 여러 기관들에서 흐르는 '물'의 모습이 투영되는 베찌의 영상은 수업 처음 5분간 주의를 환기시키고 학생들을 주목하게 하고, 때때로 숙연하게 한다.

초대한 생태예술가들의 작업이 대부분 물, 습지, 에너지, 기후변화 등의 주제를 담고 있어 환경지속가능성이란 주제를 공통분모로 초청강의들을 기획했었다. 시간이 지나면서 범위를 좀 더 넓혀 보려 했지만, 여러 상황과 대학의 긴축된 재정사정으로 계속 운영할 수는 없었다. 그럼에도 불구하고 내겐 값진 경험이었다. 그 몇 년간의 경험을 정리하는 마음으로 기획한 국제심포지엄은 '생태복원연구 강화를 위한 생태공학, 생태과학, 그리고 생태예술의 학제 간 협력(Interdisciplinary Collaboration Among Ecological Engineering, EcoScience, and Eco-Art to Enhance Ecological Restoration Research)'이라는 제목으로 2017년 미국 과학재단의 후원을 받았다. 그동안 캠퍼스에 초대했던 생태예술가들 및 생태학자들과 모시고 중국의 베이징에서 열렸던 세계생태학회에서 이 심포지엄을 성공적으로 마무리했다. 학회 첫날 일정으로 열린 심포지엄은 나를 포함한 세 명의 생태학자 및 생태공학자 외엔 다 여성 생태예술가들로, 대부분 나이가 많은 거의 1세대 에코아티스트들이 연사였다. 미국에서 중국까지 그들의 긴 여정을 챙기는 일은 만만치 않은 일이었지만 다행히도 기획한 심포지엄의 모든 일정을 순조롭게 마칠 수 있었다.

* * *

다들 떠난 베이징 학회 마지막 날, 일정 때문에 나는 혼자 남았다. 말로 표현할 수 없는, 이유를 알 수 없는 감정이 밀려들었다. 마치 갑자기 눈 깜짝할 사이에 밀려드는 썰물처럼…. 언뜻 서울과 비슷한 모습의 베이징에서 가까운 고향을 찾지 못하고 다시 태평양 건너 미국으로 돌아가는 내내, 기획했던 일을 잘 끝냈다는 안도와 동시에, 마음속에서 소용돌이 치는 이상한 기류에 '섬'이 흔들리고 있었다. 눈을 감고 깊게 호흡해 보았지만 그 이상한 기류는 온몸을 감싸며 안에서 소용돌이를 일으켜 비행기 좌석의 손잡이를 유난히도 꽉 잡고 있었던 기억이다. 흘러넘치면 안되는데… 안되는데… 하면서. 절대 경계했던 자기연민의 댐이 무너지고, 더 이상 참을 수 없는, 뜨거운 감정의 해수면 상승은 걷잡을 수 없이 볼을 타고 내리기 시작해 바로 고개를 돌렸다. 심포지엄은 잘 치러냈지만, 그간의 지난한 과정이 떠올라 잠시 감정이 격해졌던 것이다.

* * *

생태예술가들의 작업이 주제나 접근법에서 생태학자들이 하는 일과 여러모로 유사하다는 것을 알았기에, 과학 과학 커뮤니케이션 (science communication)이라는 큰 지붕 밑에 한데 모여서 나누는 기회를 만들어야겠다는 바람이 있었다. 생태학자들은 생태계서비스를 생성, 유지 및 제공하는 데 중요한 생태계 구조와 기능을 다양한 생태계를 바탕으로 연구하며 그 패턴과 과정을 파악한다. 또한 다양한 현장 조건과 환경에서, 관찰과 실험을 통해 자연이 어떻게 작동하는지 연구하는 것이 생태학자들의 주된 역할이다. 생태예술가들 역시 지역 및 지구 환경조건에 관심을 갖고 예술 작품을 통해 현실 문제에 대한 기능적 통찰과 해결책을 제시하는 일들을 자신의 작업으로 드러낸다. 생태학자들의 연구와 생태예술가의 작업 모두 더 나은 이해로 인간과 자연과의 관계를 개선하기 위한 것이라는 공통점이 있다. 오늘날 우리가 직면한 지속가능성 문제에 대해 사회경제적으로 가치 있는 해결책을 제공하는 기능적 프로세스, 시스템, 경관을 디자인하기 위해서는 과학 또는 과학적 프로세스에 대한 이해가 필요한데 생태예술가들도 과학자들과의 콜라보를 통해 그것들을 배우며 자신의 작품활동에 녹여낼 수 있다고 본다. 생태과학의 메시지를 더 많은 사람들과 소통하는 데 있어 예술이 가진 가능성은 매력적이다.

강의시리즈에 초청했던 여러 명의 아티스트 중에 또 한 명 잊지 못하는 사람은 바샤 얼랜드(Basia Irland)이다. 역시 물을 다루는 아티스트인 바샤는 뉴멕시코대학교의 교수였다가 정년퇴직을 했다. 바샤는 다른 아티스트들과는 조금은 다른 환경에서 작업을 해 왔는데, 그녀의 「얼음책(Ice book)」은 처음 보는 순간부터 날 사로잡았다. 또한 그녀는 대학에서 교수로서 삶의 경험으로 내가 이런 일들을 기획하고 추진하며 부딪칠 수밖에 없는 수많은 일들에 대해, 또한 아카데믹 페티니스(academic pettiness; 아주 작은 일에도 난리치는 유치함이 넘치는 아카데미아)에 대해서도 이해하는 유일한 사람이기도 했다. 특히 강과 범람원의 복원에 대한 연구를 했던 나는 그녀의 작업에 매료되지 않을 수 없었다.

※ ※ ※

'강을 읽으며(Reading the river)'로 제목을 붙인 그녀의 세미나를 기획하면서는 시간을 좀 더 안배했다. 뉴욕이 아니라 뉴멕시코에서 조금은 먼 여행을 통해 조지메이슨까지 와주는 그녀가 고마워 세미나가 끝난 그 다음날 나의 하루를 온전히 빼서 그녀가 워싱턴 디시에서 보고 싶어 하던 미술관들을 둘러보는 데 동행하기도 했다. 2019년 번아웃과 우울증이 동시에 덮쳐 힘든 시간이었을 때도 따뜻한 말로 나를 위로해 준 그녀는 지금도 내게 좋은 친구다. 그녀의 작업은 『Water Library(물 도서관)』와 『Reading the River(강을 읽으며)』란 두 권의 책으로 출간되어 있다.

바샤는 전 세계 수많은 강들을 다니며, 많은 여성들과 아이들을 포함해 지역 주민들과 함께 그 강물을 샘플링하고 즉시 얼려서 법전 같은 모양의 두꺼운 책으로 조각하는데, 그 얼음책에는 글자 대신 강변 혹은 범람원 습지식생 및 나무들(예를 들면 늪미루나무(swamp

생태아티스트 바샤 얼랜드의 「얼음책(Ice Book)」. 작품명은 '제1권: 산단풍나무, 서양매발톱꽃, 푸른가문비나무(Tome I: Mountain Maple, Columbine Flower, Blue Spruce)'이다. 250파운드의 얼음과 산단풍나무, 서양매발톱꽃, 푸른가문비나무 씨앗들로 만들었다.

cottonwood))의 씨앗이 가지런히 박혀있다. 내 생각에 아트는 메시지도 좋아야 하지만, 일단 비주얼적으로 뭔가 눈을 확 사로잡는 게 있으면 더 좋은데, 바샤의 얼음책이 바로 그랬다. 여기서 끝이 아니다. 바샤와 지역주민들은 씨앗이 글자처럼 박힌 얼음책을 물을 샘플링했던 강에 다시 던진다. 그러면 얼음책이 서서히 녹으면서 그 안에 함께 얼어 박혀있는 씨앗들이 강물을 타고 강변으로, 범람원습지로 안착하여 새로운 생명으로 성장하는 것이다.

바샤의 작업이 거기까지라면 생태학자로서 그녀의 작품을 보는 내게는 더 많은 맥락이 읽히기도 한다. 습지복원에서 흔히 나타나는 수매화(hydrochory)라는 말은 물의 흐름에 의한 씨앗의 분산을 일컫는데 맹그로브 및 강변습지를 비롯한 여러 습지식생의 안착과 발달에 중요한 기제 중 하나이다. 수문학적 네트워크의 크기와 동태에 따라 영향받는 수매화 외에도 동물, 특히 새들 혹은 바람에 의한 씨앗의 이동이 습지식물군집 구축에 중요한 역할을 한다는 것은 잘 알려져 있다. 인간의 영향으로, 즉 댐이나 제방의 건설로 강의 수문이 바뀌면서 물에 의한 씨앗의 분산도 물리적인 제약은 물론이거니와 그 규모와 시기가 크게 영향받는 것으로 알려져 있다. 이 모든 기작은 또한 기후변화의 영향을 받게 될 것이다. 바샤의 얼음책이 녹는 것은 기후위기에 지금도 녹아내리고 있는 빙하들에 의해 상승된 해수면이 이미 우리 문명(=책)에 대한 큰 위협이라는 메시지와 녹아내린 책에서 나와 물을 타고 이동하는 씨앗들이 주는 희망적 메시지를 동시에 내포하고 있다. 그리고 그녀와 그녀의 작업에 동참한 모든 사람들에게 또 다른 '물의 기억'을 선사하며 에너지의 흐름(energy flow)은 계속된다.

＊ ＊ ＊

강의시리즈가 끝난 후에도, 더 넓은 범위의 과학과 예술의 융합 및 협업작업들에 관심을 두고 미국 과학원의 문화프로그램 및 a2ru(The Alliance of the Arts in Research Universities) 컨퍼런스의 연사로 초대받아 다양한 분야의 사람들과 경험을 나누며 그들의 작업들에 대해 듣고 보는 기회도 얻게 되었다. 대학교수로서 내게 항상 궁극적인 질문은 그러한 작업 혹은 접근이 어떻게 강의실과 학생들의 배움에 응용될 수 있을까 하는 것이다. 가장 최근에는(2024년), 앞서 잠깐 언급한 국제 저널 『자연기반해법(Nature-Based Solutions)』 특집호의 게스트 편집장으로 초대받아 작업했다. 과학 저널이 국제적으로 인정받는 에코아티스트들의 모범적인 아이디어, 활동, 사례 연구를 과학논문 형태로 소개하는 최초의 시도라, 쉽지 않을 거라 생각했지만 고민 끝에 게스트 편집장을 하기로 수락했던 일이다. 이미 조금 경험이 있다고 생각했지만, 분야가 다른 사람들, 즉 전혀 다른 언어를 쓰고 있으며, 세대가 다르고, 삶의 경험과 배경이 다른 사람들을 모으고 엮어 뭔가를 만들어 내는 것이 쉽지 않음을 온몸으로 체감하면서 진행했었다. 이 과정에서 난 사람에 대해 좀 더 배우고, 어떻게 하면 각기 다른 우리가 조금이나마 소통할 수 있을까 하는 것에 대해 더 진지하게 고민할 수 있었다.

바샤의 「얼음책 (Ice Book)」을 보고 있는 어린이. 작품의 제목은 '클레오가 두번째 권을 읽고 있다 (Cleo reading Tome II)'이다. 300파운드의 얼음과 프리몬트포플러(*Populus fremontii*) 씨앗으로 만든 얼음 책이다. ⓒ Claire Cote

과학자가 데이터를 죽어라 하고 모아 과학논문에 발표해도 일반인에게 그 내용의 일부라도 전달되는 일은 드물다. 물론 암 연구결과 같은 의학연구라든지 당장 사람의 건강과 삶에 직결되는 몇 가지는 좀 더 빠르고 쉽게 해석되어 여러 채널을 통해 반복적으로 일반인들에게 전달되지만 대부분은 '그들만의 리그'로 끝나는 게 보통이다. 연구자보다 학생들을 만나고 강의를 하는 교수가 그래도 나은 점은 끊임없이 연구의 결과를 수업과 연계시켜 학생들과 나눌 수 있다는 것이다. 가르치는 중에 다시 연구에 대한 아이디어가 나오기도 하고 새로운 질문이 만들어지기도 하며, 관심을 가지고 연구를 하겠다는 학생이 생기기도 한다. 교수의 일에서 수업과 연구는 별개의 항목이 아니며 끊임없는 피드백으로 함께 성장하는, 분리할 수 없는 영역들인 것이다. 내가 발표한 과학논문을 일반인이 읽거나 그 내용을 알게 될 기회가 얼마나 될까? 과학 커뮤니케이션이 최근 10여 년 급성장한 이유이기도 하다. 과학자들과 그 과학을 바탕으로 정책을 만드는 정책입안자들 사이의 이해와 소통도 형편없긴 마찬가지다. 다양한 분야에서 이런 다른 경계들 사이를 자유롭게 왕래하며 중간자 역할을 할 수 있는 일에 더 많은 학생들이 관심을 가졌으면 좋겠고, 그런 일자리들이 가까운 미래에 더 많이 있었으면 하는 바람이다.

* * *

얼마 전, 플로리다 어느 대학의 교수가 유해조류번성(HAB; Harmful

Algal Bloom)에 대한 논문을 발표하고 나서 크게 한숨을 쉬고 있었다. 아무도 그 논문을 읽지 않을 것이라는 걸 알기 때문이었다. 최소한 그 분야 전공이 아닌 사람은. 연구는 유해조류번성으로 인한 관광 관련 사업체의 손실을 생태계 규모로 평가한 것으로 생물학적 데이터베이스와 경제 데이터베이스를 패널 데이터 프레임워크에 통합하여 유해조류번성으로 인한 경제적 이득 또는 손실을 추정한 연구였다. 이 논문은 2018년 플로리다 적조 발생으로 인한 관광 관련 비즈니스의 손실을 '수십억 달러'에 이르는 규모의 재난으로 추정하기도 했다.

답답했던 그 교수는 자신이 근무하는 대학의 음대가 개최한 콘서트에 우연히 갔다가 영감을 받아 같은 대학 음대심포니밴드 디렉터를 찾아갔다. 그리고 그의 연구가 모은 엄청난 양의 데이터를 음악으로 바꿀 수는 없는지 문의하면서 협업이 시작된 것이다. 그 데이터들은 일련의 과정을 거쳐 심포니(symphony)가 되고, 이 과정에서 커뮤니케이션, 교육 및 도서관학과까지도 참여해 교수와 학생들로 이루어진, 음악용어로 누구에게나 친근한 '크레센도(CRESCENDO; 음성화 및 커뮤니티 참여형 뉴로에스테틱 데이터 문해력 기회를 통한 광범위한 연구 소통)'라는 교내 그룹을 만들게 된다. 이 그룹은 지금도 음악과 환경문제를 접목시키는 프로젝트를 진행하고 있다고 하는데 자신들의 활동으로 녹조현상, 데이터 문해력(data literacy) 및 과학(데이터) 민주화에 대한 인식을 확산시키기 위해 노력 중이라고 한다. 이전에도 지구온난화를 주제로, 한 세기 동안의 기온변화를 음표로 전환해 음악으로 만들어 기후변화에 대한 인식 증진을 시도했던 프로젝트 등 음악과 환경을 접목시키는 일이 있었는데 이런 각기 다른 분야를 아우르는 노력이 계속되어 중요한 사회적 문제에 대한 효과적인 대중적 소통 및 인식과 이해를 도울 수 있으면 좋겠다.

* * *

음악이 된 데이터는 사람들의 감정을 건드린다. 감정적 반응의 유발은 행동의 변화를 끌어낼 수 있는 열쇠다. 환경위기시대를 사는 지금, 궁극적으로 우리에게 필요한 것은 사람들의 행동변화인데, 행동의 변화를 끌어내기 위해서는 과학적 데이터와 원칙들을 소통하는 데 있어 좀 더 많은 문화적이며 비주얼한 문맥이 필요하다는 생각이다.

우리는 현재 데이터가 넘치는 세상에 살면서, 우리 자신도 데이터화된 지 오래다. 몇 년 전부터 대학에 새롭게 생긴 데이터 사이언스(data science) 전공은 학생들 모집하기에 바쁜 신종 인기 분야다. 다학문적 교류 및 여러 사람들과의 소통이 이 수많은 데이터들을 언젠가는 정보로, 정보는 다시 지식으로, 지식은 더 나아가 커뮤니티와 함께 공유할 수 있는 '지혜'로 거듭나기를 바라는 마음이다. 생태과학에 아트를 더해 다양한 생태계복원사업에 좀 더 창조적인 해결책을 함께 만들어 갈 수 있기를 또한 소망한다. 물론, 예술을 평가하려는 과학, 혹은 과학을 가르치려는 듯한 태도를 취하는 보여주기식 예술에는 주의해야 할 것이다. 또한 서로의 배경에 대한, 그리고 서로의 분

야와 전문성에 대한 기본적인 존중, 인간으로서의 예의, 그리고 무엇
보다도 서로에게 배우려는 진정한 호기심이 없다면 덥석 아이디어만
가지고 다른 분야와의 콜라보에 뛰어드는 것은 경계하라는 충고도,
얼마 안 되는 내 제한적인 경험에 기반해, 잊고 싶지 않다.

13장

습지토양이
색으로 간직하는
물의 기억

"어때, 따라올 만하지? 괜찮아?" 뒤를 돌아보니 마스크를 쓴 캐리가 엄지척을 해 보이며 "I am good(괜찮아요)."이라고 대답한다. 정확히 미국 질병통제 및 예방센터(CDC, Center for Disease Control and Prevention) 규정대로 6피트(2미터) 간격을 유지하며 나를 열심히 쫓아오고 있는 그녀이다. 구름이 잔뜩 낀 팬데믹 초반의 어느 날로 기억된다. 세상이 하루아침에 뒤집혔다. 모든 곳이 문을 닫았고, 집에 갇혀 철저히 격리된 상황은 누구에게나 황당한 경험이었다.

팬데믹 동안 한 동네에 그렇게 오래 살았어도 걸어보지 못했던 곳으로 확장된 산책이 하루 중 유일하게 숨통을 틔우는 시간이었다. 지금은 희미해진 팬데믹에 대한 기억 속에서도, 그날 캐리와 함께 4~5마일을 걸으며 서로를 응원했던 시간만은 내 기억 속에 또렷이 남아있다. 팬데믹은 지나갔지만, 분명 또 다른 팬데믹은 가능할 것이고, 그런 일이 또 생기면 그땐 이번 연습으로 단련되었으니 조금 나으려나? 알 수 없는 일이다. 팬데믹 동안 어디에 어떻게 있었든 우리 모두 트라우마를 겪은 것이며, 멀쩡해진 것 같은 지금도 더, 아주 한참 후에나 총체적으로 우리 모두에게 일어난 이 일에 대해 충분히 이해할 수 있을 것이다. 정신적, 심리적인 트라우마는 천천히 시간을 두고 치유해야 할 무엇이라는 생각이다.

＊ ＊ ＊

캐리는 그때 나의 박사과정 학생이었다. 거의 모든 데이터를 다 모으고 분석을 진행하는 중에 팬데믹이 터졌고, 캐리를 비롯 모든 학생들이 정신적으로 힘든 시간을 보내고 있었다. 동네 한 바퀴를 마스크를 쓰고 돌며 하루하루를 버텨내고 있던 나의 '걷기' 의식에, 심한 우울감으로 아무 성과를 내지 못하고 있던 그녀를 초대했다. 그렇게 우리는 한참을 땀을 흘리며 함께, 그러나 떨어져 걸었다. 잦은 영상통화로 내가 할 수 있는 최선을 다해 지도하면서 그녀의 박사과정 프로젝트를 진행시켰다. 엄청난 양의 데이터가 어떤 정보의 가능성을 드러내기 시작할 무렵엔 야외 공원에서 만나 조언을 계속하기도 했다. 캠퍼스는 여전히 건물 출입이 통제된 상태였다. 약간의 두려움이 있어 보였지만 서로의 건강 상태를 잘 알고 있으니 통풍이 잘 되는 야외에서는 마스크를 벗고 이야기를 나눌 수 있게 되었다. 이 무렵부터는 집 근처 공원에서 정기적으로 만나 데이터분석 및 논문쓰기를 진행시켰다.

캐리는 학부에서 화학전공을 하고 석사과정 없이 바로 박사과정에 입학한 학생이었다. 대학원 생활을 조지메이슨에서 시작한 그녀는 내 수업을 들은 후 '더트프로젝트(The Dirt Project)'에 합류하기로 하고 내 지도학생이 된 경우였다. 똑똑한데 융통성이라고는 전혀 없는 성격은 종종 나를 걱정시키기도 했다. 그러나 조지메이슨에서는 처음으로, 내게는 미국에서 고향 같은 곳인 중서부 출신의 학생을 지도하게 된 것이다.

'레인프로젝트'가 끝나기도 전에, 내가 '더트프로젝트'라고 명명한, 학부생과 대학원생의 수업 및 연구 모델로 '흙, 특히 습지토양'을 주제로 한 또 다른 프로젝트를 '관찰(observation)'에 초점을 두고 시작했다. 레인프로젝트가 '물'에 대한 것이었고 디자인 중심의 실험적(experimental) 연구 및 학습이었다면 더트프로젝트는 늘 우리의 발 밑에 있지만 눈과 마음에 잘 보이지 않는 '흙'에 대한 자연과학적 관찰과 인문학적 통합을 나름 추구한 것이었다. 사실 아이디어의 중심은 습지의 모든 수문 및 생지화학의 기억을 담아내는 습지토양의 색 변화에 대한 내 관심에서 시작된 것이었다. '물'과 '흙', 이 두 가지를 조금은 새로운 형식으로 환경지속가능성 수업에서 함께 다루려는 의도이기도 했다.

* * *

윌리엄 브라이언트 로건(William Bryant Logan)이 그의 책 『Dirt: the Ecstatic Skin of the Earth(흙: 지구의 황홀한 피부)』에서 표현한 것처럼 토양은 황홀한 대지의 '피부'다. 1g의 토양에는 보통 2,000~50,000개체 정도의 미생물이 존재하고, 많게는 수백만 개체가 존재한다고도 한다. 즉, 토양은 생물학적 다양성을 논의하는 데 빠질 수 없으며 모든 수준의 생태학을 연구하는 데 효과적인 대상이 될 수 있다. 토양은 어디에나 있어 쉽게 접근할 수 있지만 도시환경교육에서의 활용도는 낮은 편이다.

주위에도 보면 나무와 풀, 새, 동물 보전 등에 관심이 있는 사람은 꽤 있지만 가드닝(gardening)에 심취해 있는 사람을 제외하고는 토양 또는 흙에 관심을 두는 사람은 많지 않다. 그래서 토양에 대한 새로운 소통 방식이 절실히 필요하다. 이는 과학만으로는 종종 다루지 못하는 환경 인식과 생태학적 문해력을 키울 수 있는 훌륭한 도구가 될 수 있다. 그리고 이런 야심 찬 생각이 더트프로젝트를 만들게 된 배경이다. 또한 토양은 기후위기의 해결책 중 하나로 미국의 인기작가인 마이클 폴란(Michael Pollan)도 식량문제와 연계해 여러 번 그 중요성을 언급하기도 했다.

토양의 색은 기후, 모재, 생물, 지형, 위치, 시간, 인간 활동 등의 조건에 대한 에너지 기억을 전달하고 투영하며 토양의 물리적 특성을 파악하는 데 유용한 도구이다. 우리가 토양을 볼 때 가장 먼저 떠오르는 것이 바로 색깔이기도 하다. 토양의 색을 결정하는 주요 요인으로는 유기물, 토양수분, 미네랄 함량 등이 있다. 기후는 홍수와 가뭄의 주기를 통해 토양의 수문학적 조건과 유기물 축적에 영향을 미치기 때문에 토양의 색을 결정하는 중요한 요소 중 하나이다. 특히 습지토양은 수문학적 체계의 변화에 대한 색상 발달의 민감성으로 잘 알려져 있다.

* * *

캐리의 박사논문 연구주제가 된 더트프로젝트의 첫번째이자 주 연구는 기후변화와 도시화의 영향에 잠재적으로 민감한 환경조건의 변화(예를 들어 토지피복도 및 불투수성 피복 정도의 변화 또한 그로 인한 수계의 수 문조건의 변화)를 습지토양의 색 변화와 연결하는 것이었다. 기후변화와 도시화 둘 다 경관의 수문과 범람의 조건 및 상태에 변화를 가져오는 데 그것을 습지토양의 색 변화와 정량적으로 연결할 수 있다면 변화 하는 환경을 모니터링하고 이해하는 데 효과적인 도구가 될 수도 있 겠다는 생각이었다.

* * *

"자, 토양 프로브(soil probe) 사용법이야. 잘 봐. 이 티(T)자 모양의 프로브는 이렇게 두 손을 핸들에 고정시키고 스쿼트 자세로 그대로 내려가야 돼. 흙이 샘플링되는 지점까지 다 들어가면 정확히 90도 돌 린 다음, 그대로 위로 빼 올리면 돼. 다들 연습이 좀 필요할 거야. 이 걸로 오늘 하루치 스쿼트는 다 한다고 생각하면 되겠네, 하하." 나의 농담에 씩~ 웃는 학생들이다. "각도를 잘못 맞추면 토양이 전혀 채집 되지 않기도 하니까 몇 번 연습한 후에 관찰할 토양코어(soil core) 샘 플링하도록! 그리고 일단 토양코어가 다 채집되면, 칼로 단면을 잘라

지표에서 30cm 정도 토양층의 색 및 패턴들을 수업시간에 배운 것에 맞춰 관찰하고 각자의 그룹멤버들과 토론해. 그리고 토론결과를 전체 수강생들과 공유하도록 하자. 질문 있어?"

지시사항을 경청하던 학생들이 제각각 토양 프로브를 챙기고 분주히 움직인다. 습지메조코즘단지의 펜스로부터 하천을 따라 조그맣게 발달되어 있는 습지 쪽으로 향하면서 물에 잠긴 정도가 서로 다른 다섯 지점을 플롯(plot)으로 선정하고 깃발을 1~5까지 꽂아 표시했다. 펜스 가까운 쪽은 큰 범람 없이 1년에 한 번 정도 길어야 1~2일 물에 잠기거나 혹은 늘 마른 땅인 곳이다. 플롯 1부터 습지 쪽으로 걸어 나가면 점점 물이 깊어지면서 여름 건기를 제외하면 훨씬 자주 혹은 늘 물에 잠겨 있거나 포화되어 있는 땅이 플롯 5이다. 오늘 수업은 이렇게 수문학적 구배가 있는 다섯 곳에서 토양을 떠서 토양의 색과 특징을 관찰하고 습지인지 아닌지 판정하는 것이 주된 활동이다.

습지토양은 'hydric soil'이라는 공식적인 명칭이 있다. hydric soil은 식물성장기간 동안 오랜 범람 혹은 잠긴 상태에서 물에 의한 혐기성 조건으로 형성된, 육상토양과는 다른 토양을 말한다. 미국 농무부(USDA)의 '습지토양현장지표(Field Indicators of Hydric Soils in the United States)'에는 토양이 실제로 습지토양임을 나타내는 과거 또는 최근의 수문학적 조건을 반영하는 특정 토양의 특성과 주로 색상 패턴을 설명하는 여러 개의 지표가 포함되어 있다. 습지 묘사 및 모니터링에는 수문, 식생, 토양이 모두 포함되지만, 특히 토양은 변화하는 수문조건에 식생보다 더 빠르게 반응할 뿐만 아니라 범람 및 물이 고인 상태가 종료된 후에도 이전 오랜 기간 동안 토양이 처해있던 상황을 보여준다. 더욱이 이후에도 변하지 않고 계속되는 형태학적 특징을 형성하기 때문에 습지의 모니터링 및 식별에 유용하다.

그래서 처음에는 주로 습지식물만을 대상으로 이루어졌던 조성 및 대체습지 발달 모니터링에도 점차 토양 관찰이 중요한 부분이 되어 왔다. 석사과정 학생이었던 미 해군사관학교 출신의 제인은 조성된 여러 습지토양에서 쉽게 측정할 수 있는 몇 가지 물리화학적 속성들을 나와 함께 모니터링했다. 예를 들어, 지표에서 10~20cm 이내의 토양 내 유기물함량(soil organic matter, SOM), 토양수분(gravimetric soil moisture, GSM), 토양pH, 용적비중률(bulk density, Db) 같은 것 말이다. 나는 앞에서 언급한 토양물리화학 속성들을 묶어서 '토양컨디션(Soil Condition, SC)' 카테고리라고 명명했다. 이 연구를 통해 SC를 살피는 것이 조성된 습지생태계의 발달을 추적하는 데 제법 효과적이라는 결론을 얻었다. 그리고 향후 조성습지 모니터링에 포함시킬 것을 추천하기도 했다. 물론 기존의 모니터링 항목인 습지식물의 성장, 피복도 및 다양성 등은 여전히 조성 및 복원 후 모니터링에 포함된다.

* * *

물로 인해 산소가 차단된 습지환경은 일련의 예측가능한 화학적 환원과정을 겪게 된다. 산화환원전위(redox potential, ORP), 즉 토양의 산화 혹은 환원 정도를 정량하는 측정치로서 습지의 물과 토양을 모니터링할 때 늘 포함되는 항목이다. 산화환원전위는 습지토양 내의 산화와 환원 과정을 통해 전자를 주고받는 움직임에 기반하여 측정되며 측정된 수치는 mV(milli voltage, 밀리전압)로 표현된다.

토양이 물에 잠겨 혐기성 상태가 되기 전까지는, 즉 산소가 존재할 때는 일단 산소가 최종전자수용체가 되어 유기물의 호기성 산화가 이루어지는데 이게 일어나는 산화환원전위의 범위는 400~600mV 정도로 알려져 있다. 토양이 물에 잠기고 용존산소가 점차 사라지고 혐기성 조건이 되면, 앞서 언급했던 질산태질소(NO_3^-, nitrate)의 환원이 시작된다. 처음엔 NO_2^-로, 궁극적으로는 N_2O(nitrous oxide; 일산화이질소), N_2(nitrogen gas; 질소가스)가 되는 것이다. 즉, 질산태질소가 전자수용체가 되는데 이게 대략 250mV의 산화환원전위에서 이루어진다고 알려져 있다. 즉, 산화환원전위를 포함한 여러 개의 수질항목(온도, pH, 용존산소 및 수리전도도 등)을 한꺼번에 측정하는 다중매개변수 수질측정기를 습지에서 물에 넣어 모니터링할 때 ORP(산화환원전위)가 250mV 이하면 습지는 이미 탈질화가 가능할 정도의 혐기성 상태에 있다는 추측이 가능하다. 이런 식으로 계속해서 물에 잠긴 시간이 길어져 혐기성 상태가 심화되면서 망간(Mn), 철(Fe), 황(S), 그리고 탄소(C) 순으로 산화 형태였던 각각의 원소들이 원래 호기성 상태에서 산소가 하던 최종전자수용체의 역할을 대체하면서 환원된 형태로 바뀌는 것이다.

모든 토양은 일정 정도의 공기와 물을 내포하고 있는데 토양이 물에 잠기면 그 공기가 있던 공간과 공극들이 물로 채워지면서 토양의 혐기성 상태가 발달하는 것이다. '그런데 물에도 산소가 일정 정도 녹아 있잖아요?'라고 의문이 들 수 있는데, 물이 가득 찬 상태에서 산소의 이동은 건조한 땅에서 토양을 통과하는 산소의 속도에 비해 1만 배 정도 느리다고 알려져 있다. 따라서 습지토양처럼 물에 잠긴 토양에서는 산소가 급속히 사라져, 경우에 따라 며칠 내 혹은 몇 시간만에도 혐기성 조건이 조성되기도 한다. 그래서 많은 습지식물의 뿌리들이 이런 환경에 대한 적응기제를 만들어 놓고 있다. 대표적인 사례가 앞서 언급했던 사이프러스의 기근이다. 또한, 다양한 습지식물이 광합성 과정에서 만들어진 산소를 통기조직(aerenchyma)을 통해 뿌리로 운반하여 근권에 아주 얇은 산소층을 만들기도 하는데, 이를 '산화된 근권 혹은 근권산소층(oxidized rhizosphere)'이라고 한다.

* * *

수문학적 상태에 따른 습지토양의 색 변화를 주도하는 원소는 바로 철(Fe, iron)이다. It is all about iron chemistry! 호기성 상태일 때 산화 형태의 철(Ferric iron, Fe^{3+})에 의해 우리가 흔히 '녹(rust)'이라고 알고 있는 적갈색을 띠던 습지토양은 혐기 상태로 되면서 산화 형태의 철이 환원 상태(Ferrous iron, Fe^{2+})로 바뀌고 토양매트리스에서 빠져나가게 되면서 회색, 푸르스름한 회색 혹은 녹색을 띤 회색으로 바뀌게 된다. 토양이 범람에 의해 겪는 이런 색깔의 변화를 글레잉

(gleying)이라고 한다. 웬만한 자연습지의 토양을 조사하면 환원 상태로 존재하는 철이나 망간을 발견하는 일은 흔하다. 그것만으로도 습지토양이 어느 정도의 환원 상태에 있는지 가늠할 수 있다. 환원된 형태의 금속원소들은 수용성도 높고 자유자재로 움직여 다닌다. 그러니 어떤 금속이 오염물질이라서 통제하려 한다면 호기성 상태를 유지하는 게 중요할 것이다.

환원된 형태의 철이나 망간은 습지토양에서 식물에게 독성을 일으킬 수 있는 농도에 이르기도 하는데, 특히 환원 상태의 철이 습지식물의 뿌리표면까지 닿으면 위험할 수 있다. 그러나 위에 언급했던 식물의 뿌리에 얇게 형성된 근권산소층이 환원 형태의 철을 산화시켜 버린다. 또한, 근권산소층은 필수영양소인 방출된 인(phosphorus)을 다시 붙잡는 역할을 하기도 하며 습지식물의 뿌리를 산화철로 코팅하기도 한다. 이런 중요한 역할을 하는 통기조직을 이루는 공극은 대체로 수생식물 체적의 30~60%에 이른다고 알려져 있다. 한번이라도 연꽃의 줄기를 잘라본 사람은 통기조직을 쉽게 관찰할 수 있었을 것이다.

"닥터 안, 글레잉이 관찰되네요. 여기 위치 3번이에요, 약간 갈색과 회색빛이 섞인 것 같은데 아래로 갈수록 토양이 회색에 더 가까워요."
두번째 그룹에서 리더역할을 하는 리차드가 발이 조금 젖은 습지 언저리에서 알려온다. "더(습지 쪽으로) 들어가 봐! 마지막 4번과 5번 위치에서 토양을 떠서 비교해 봐!"

그러자 성격이 급한 캐롤라인이 있는 첫번째 그룹은 벌써 습지 쪽으로 깊숙이 들어가 마지막 위치인 5번째 플롯에서 뜬 토양을 자랑스럽게 들어 보인다.

"이건 토양이 완전히 회색빛이에요!"

"예상했던 대로구나. 가지고 나와서 다른 학생들과 함께 살펴보자!"

장화를 안 가져왔다면서 바지를 걷어 올리고 맨발로 들어갔던 캐롤라인은 회색빛 토양이 가득 담긴 토양 프로브를 들고 습지메조코즘단지 쪽으로 뒤뚱거리며 나오다 결국 엎어지고 만다.

"아이구, 조심 좀 하지…." 그날 야외수업을 함께 하고 있던 다른 학생들은 결국 참지 못하고 웃음을 터뜨리고 만다.

"젠장, 다시 갔다 올게요!" 씩씩하게 일어나 바지에 진흙을 잔뜩 묻힌 채로 다시 습지 쪽으로 뒤뚱거리며 들어가는 캐롤라인이다. 늘 긍정적이고 수업시간에 적극적인 이 아이는 참 사랑스럽다.

"천천히 해, 아직 시간 많다!" 격려하고 나서 샘플링을 마친 학생들이 육상 및 습지토양의 색을 읽는 연습을 할 수 있도록 여러 개의 '먼셀 토양 컬러차트(Munsell Soil Color Chart)'를 두 개의 벤치 위에 펼쳐 놓았다.

* * *

먼셀은 알버트 먼셀(Albert Munsell)의 이름을 딴 것으로 그는 먼셀 컬러 시스템을 만든 장본인이다. 먼셀 토양 컬러차트는 1930년 이

후 토양학에서 사용되어 왔으며 1915년에 발표된 그의 컬러 시스템의 원본은 스미소미언도서관(Smithsonian Library)의 디지털 자료에서 만나 볼 수 있다. 습지생태학에서 일반적으로 광물토양이 '습지토양(hydric soil)'인지 아닌지를 결정하는 것이 그다지 간단치는 않지만 수집한 토양의 색을 먼셀 토양 컬러차트와 비교하고 결정하게 된다. 같은 색을 보고도 사람마다 조금씩이라도 다르게 생각하거나 묘사할 수 있기에 직업적으로 하려면 연습 및 훈련이 필요한 일이다.

토양차트의 각 페이지마다 색상(hue), 명암(value), 채도(chroma)라는 세 가지 요소가 기재되어 있다. 수집된 토양을 깊이별로 잘라 그 토양의 색과 가장 비슷하다고 생각되는 컬러칩을 선택하고 그 칩이 포함된 차트에서 색상을 먼저 읽는다. 많은 경우 담수 마쉬형 습지토양의 색은 10YR에서 가장 흔하게 발견되기도 한다. 나에게도 10YR은 습지토양 검사에서 가장 많이 사용했던 친근한 색상차트다. 여기서 YR은 노란(Yellow) 및 붉은색(Red)을 뜻한다. 그리고 나서 칩의 세로축에 있는 명암 값(예를 들어 3)을 읽고, 마지막으로 차트 아래, 가로축에 있는 해당 채도(예를 들어 2) 값을 읽어 표기하는 것이다. 위 가정대로 토양의 색깔이 관찰되었다면 '10YR, 3/2'라고 기재하면 된다.

채도가 낮은 토양(색상 차트 왼쪽에 있는 컬러칩으로 표시됨)은 물로 포화된 토양을 나타낸다. 밝은 빨간색, 갈색, 노란색 또는 주황색이 포함된 토양은 비수성(nonhydric) 토양, 즉 습지토양이 아닌 것이다. 현재 미국에서는 습지구분을 위해 먼셀 토양 컬러차트를 이용해서 습지토

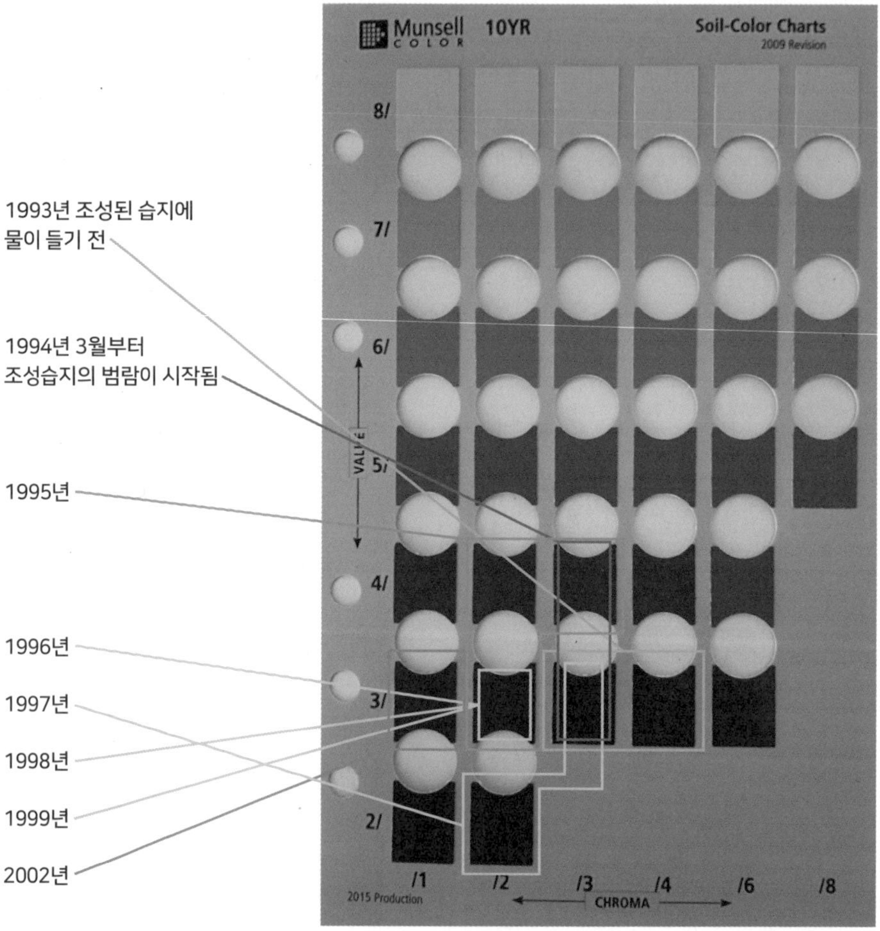

1993년 조성된 습지에
물이 들기 전

1994년 3월부터
조성습지의 범람이 시작됨

1995년

1996년

1997년

1998년

1999년

2002년

Munsell
C O L O R **10YR** Soil-Color Charts
2009 Revision

8/

7/

6/

5/

VALUE

4/

3/

2/

/1 /2 /3 /4 /6 /8
2015 Production CHROMA

올렌탄지 습지공원에 조성된 콩팥습지 토양색의 변화, 1993년부터 2003년까지. Mitsch et al.(2005)의
논문을 참고하여 그림.

이 토양색상표를 컬러로
보고 싶다면 QR코드로
확인할 수 있다.

양의 색깔을 관찰, 기록하는 게 일반적이다. 컬러차트에서 채도가 2 이거나 그 이하면 '습지토양(hydric soil)'으로 분류된다. 즉, 위에 언급한 가상의 토양은 채도 2로서 습지토양이라고 판정된다.

펌프를 이용해 강물을 유입시켰던 올렌탄지 습지연구공원의 콩팥습지 토양도 물에 잠긴 시간이 길어짐에 따라 점점 육상토양에서 습지토양으로 바뀌어 갔다. 연구에 따르면, 습지토양의 조건이 되는 특성들이 범람에 의해 불과 습지조성 2년 후부터 나타나기 시작했다. 조성된 습지의 토양이 첫번째 침수가 되기 전에 나타냈던 대부분의 색상(hue)은 밝은 노란 및 주황색(10YR)을 띠었으며, 토양색상의 명암/채도는 3/3과 3/4 사이였다. 침수 후 약 18개월이 지난 1995년에는 채도가 대부분 3 또는 그 미만으로 나타났다. 지표 쪽 토양 샘플에서 평균값은 3/2였고, 아래쪽 토양의 샘플 중앙 값은 4/2였다. 침수가 시작된 후 2년이 되는 해인 1996년부터 채도는 꾸준하게 2 또는 그 이하를 나타내, 색이 어두워지고 그 색의 밀도가 진해지면서 '습지토양'화 되었음을 알 수 있다.

* * *

"닥터 안, 토양단면이 거의 회색빛이니 오랜 시간 물에 잠긴 습지토양이 맞는 것 같은데, 반짝거리는 노란 빛도 도는 것 같고 갈색 혹은 오렌지빛도 좀 나는 점들은 뭐예요? 철이 다시 산화된 건가요?"

제이크가 칼로 자른 토양 단면을 내게 보여주며 묻는다. "아~ 그건 모틀(mottles, 반점 또는 반문)이라고 하는데 공식적으론 레독스 콘센트레이션(redox concentration)이라고 해. 오렌지 혹은 붉은빛이 도는 것은 철산화물 때문이고 좀 어둡고 적갈색 및 살짝 검은색을 띠는 것은 망간산화물 때문이지. 모틀이 있다는 것은 그 토양에 물이 들고 나는 일이, 정확한 시간 규모는 모르겠지만 꽤 오랫동안 반복적으로 일어났다는 증거라고 봐. 즉, 습지라 물에 잠겨 있다가 간헐적으로 어떤 일로 인해, 말하자면 가뭄이든, 인위적으로 물을 뺀 것이든, 공기 중의 산소에 노출되면서 토양 속의 철이나 망간이 다시 산화된 거지."

제이크가 고개를 끄덕이며 다시 질문한다. "지금 이 토양은 5번째 플롯에서 뜬 거니까 물에 계속 잠겨 있는 습지토양인데요, 채도도 2 아니면 1.5 정도로 확실히 습지토양인 거 같구요. 그럼 그냥 다 회색빛이어야 하지 않나요?"

"아, 한번 모틀이 형성되면 불용성이라 거의 영구적인 자국처럼 남아. 들고 나는 물의 변동을 겪어낸 증표랄까…. 그래서 회색 바탕에 모틀이 관찰되면 습지가 과거 어떤 수문환경을 가졌는지 추측이 가능한 거지. 즉, 그건 바로 '변동하는 물 수위(fluctuating water levels)!'였다는 거지. 5번 플롯은 지금은 물에 잠겨 있지만 주기적으로 마른 상태를 경험해 온 습지라고 추정할 수 있겠지."

제이크가 알겠다는 듯 고개를 까닥하고 다시 컬러차트를 읽느라 정신없는 자신의 그룹멤버들 쪽으로 뛰어간다.

"닥터 안, 이제 수업시간이 10분 남았는데 정리를 시작해야 될 것 같아요." 오늘 야외수업을 돕기 위해 함께한 캐리의 말에 시간이 꽤 지났다는 것을 깨닫고 학생들에게 소리친다. "자~ 다들 정리하자. 그리고 그룹멤버들 중에 다른 수업이 있는 사람은 지금 바로 떠나도 좋구!" 습지메조코즘단지가 있는 곳에서 캠퍼스 중심까지는 빠른 걸음으로도 20분 이상 걸어야 한다. 그래서 시간은 무슨 일이 있어도 정확히 맞춰야 한다. 야외수업을 하다 보면 교실과는 다르게 시간의 흐름을 깜빡할 때가 있다.

＊ ＊ ＊

"얘들이 습지토양의 색이 완전히 육상토양과 다른 걸 보고 재밌어하는 것 같아요. 참, 모틀도 그렇고….." 캐리가 나를 도와 차트 등을 챙기면서 한 마디 한다.

"다행이네. 모틀 같은 산화환원반응의 특징(redoximorphic features) 때문에 더트프로젝트(The Dirt Project)를 디자인한 거거든. 수위가 오르고 내리고 물이 들고 나는 그 에너지의 움직임이 결국 생지화학적 과정을 통해 토양에 사람의 눈으로 구별할 수 있는 어떤 색깔을 가진 예쁜 형태를 만들어 낸 거잖니. 그러니 이건 '물의 기억'이자 에너지의 기억이지. 모틀색 예쁘지 않니? 오렌지빛, 노란색, 적갈색 등이 조금씩 다양하게 있잖아. 결국 다 태양에너지가 수문사이클을 돌려 물(범람)의 변화를 만들고 그걸 통해 남긴 기억은 모틀이라는 물질로 형체화되고, 그 속에 잡힌 에너지는 다시 우리의 의식 속에서 '예쁜 혹은 아름다운 색깔'로 인식되니…. 아~ 끝없이 흐르는 에너지의 흐름이랄까?"

캐리는 내가 푸는 썰에 씩 웃으며 "닥터 안은 무슨 철학자 같아요. 하하."

같이 웃으면서 "그래서 지금 우리 작업하고 있는 논문이 중요해. 뭔가 이 주제에 포문을 여는 거니까. 내 생각에 리뷰어들에게 엄청나게 깨질 것 같지만 (일반적인 과학논문과 조금 다르기 때문에) 꼭 출간되도록 힘써보자!"

살짝 부담을 주는 멘트도 잊지 않는다. 별 대답 없이 고개만 까닥하지만 내가 이 새로운 테마를 다루는 논문을 중요하게 생각하고 있다는 것을 잘 이해하고 있는 그녀다.

캐리의 박사논문 아이디어는 내가 더트프로젝트의 일환으로 디자인하고 단계별로 추진했지만, 스스로 꼼꼼히 따라오며 일을 해낸 것은 오로지 그녀의 몫이었다. 코로나19 팬데믹 1년 전, 이런 저런 학교 일로 인해 우울증과 번아웃을 동시에 경험하던 중 코로나19를 맞았기에 모든 것을 다 놓아버리고 싶은 심정이었다. 그러나 복잡한 마음을 다잡고 캐리의 박사학위 지도에 집중했다. 박사과정 학생을 이정도로 오로지 나 혼자 지도해서 완성시킨 것은 예외적이라 할 수 있다. 과거 나의 박사과정 학생들은 그래도 나 외에 한 명 정도는 최소한 주제나 혹은 방법이라도 이해하고 함께 토론 가능한 전문가가 있었지만, 코로나19 시국과 여러 상황이 맞물려 모든 것이 더 힘든 상황이었던 것 같다. 그러나 이 상황에 달라질 것은 없었다. '우리 둘이

할 수 있어! 캐리, 너만 잘 따라와 주면 돼.'라는 내 마음속의 소리가
처음 학생이 내게 왔을 때부터 있었다.

＊ ＊ ＊

캐리의 박사논문은 5개의 논문으로 출간되었고, 4개는 이미 박사
논문 심사 전에 출간되거나 피어리뷰(peer-reivew) 중인 상태였다. 잘
버텨준 그녀가 고맙고 대견스러웠다. 논문심사가 끝나고 학생들과
자주 가던 동네 레스토랑에서 저녁파티를 하며 흐뭇한 웃음을 짓고
있는 내게 감사하다며 포옹을 해오는 아이를 나도 힘껏 안아주었다.
며칠 후 캐리의 박사 논문에 최종 서명을 하던 논문심사위원 하나가
내 사무실에 들러 "창우, 얘가 박사논문을 너한테 헌정했어! 와~ 기
분 좋겠다. 난 이런 경우는 첨 봐. 축하해!" 그가 떠나고 논문심사위
원들이 다 서명하고 나면 내가 제일 마지막에 서명을 하려고 기다리
던 그녀의 박사논문 최종본의 pdf 파일을 열었다. 논문이야 수십 번
도 더 읽고 리뷰와 교정을 했지만 감사의 글과는 별도로 새로 추가
한 장에 다음과 같이 헌정사를 써 놓은 것이었다. 약간 울컥하면서 코
로나19를 포함한 그녀와의 긴 시간이 주마등처럼 스치며 사무실에서
의 오후가 더디게 지나가고 있었다.

"DEDICATION

I dedicate this dissertation to my advisor, Dr. Ahn,
whose guidance and strong will have been instrumental

in the formulation, execution, and production of this
dissertation"

헌정

이 논문의 구성, 실행, 제작에 있어 지도와 강한 의지를 보여주신
지도교수 안 박사님께 이 논문을 바칩니다.

＊ ＊ ＊

아직 실현되진 않았지만 더트프로젝트를 기획하면서 아트사이언
스(art-science)적인 면을 내 연구에 담아보고 싶어 나름 기획한 것들이
여럿 있었고, 일정 부분 진행 중이었다. 그러나 코로나19 이후 여러
가지 일이 더 이상 가능하지 않았고 달라진 환경으로 진행 중인 프로
젝트가 계속될 수 있을지는 의문이다.

미래, 아니 지금부터도 인류가 직면한 식량문제, 물문제, 에너지
문제, 이 모든 것은 다르면서도 같은, 맞물려 있는 문제들인데, 흙(!),
토양건강(soil health)에 대한 논의가 더 활발해져야 한다. 거의 모든 식
량이 토양 없이는 생산되지 않고, 인류문명의 시작 자체가 습지의 범
람원 토양을 기반으로 한 식량생산이었다는 것을 생각하면 더욱 그
렇다. 수업활동의 일환으로, 먼셀 차트로 습지토양의 색 특성을 기록
하고, 읽고 난 토양 단면의 패턴을 색연필로 스케치하도록 해서 좀 더
자세히 들여다보게 하고, 다시 현미경을 통해 더 자세히 들여다보는

경험도 하게 했다. '본다'라는 자연관찰에 있어서의 다양한 강도를 경험하는 행위였고, 그것을 통해 진정 자연과 서로를 '본다(see)'는 것에 대해 다시 한번 생각해 보는 계기가 되길 바랐다.

"나는 토양이지만, 당신은 나를 흙처럼 대한다(I am the Soil, but you treat me like Dirt)."라며 영화배우 에드워드 놀턴의 원망 어린 목소리로 시작되는, 세계적으로 유명한 보전기관인 국제보전협회(CI, Conservation International)의 1분 25초짜리 짧은 비디오로 수업의 포문을 연다. 학생들의 관심이 잠시 집중된다. 더트프로젝트에는 인문학적 요소로, 수업 중에 학생들과 dirt vs. soil, 영어로 이 두 단어가 같은 것을 뜻하면서도 문화적으로 많이 다르게 쓰이고 있는 것을 토론하는 시간을 갖는다. 특히 dirt란 말이 영어에서 가지는 여러 가지 부정적인 면에 대해 이야기를 나누고, 문화적인 의미를 고찰하기도 한다. 특히, 다양한 문화배경을 가진 학생들이 많으니 각각이 가진 배경에서도 두 단어처럼 같은 것을 뜻하지만 다른 방식으로 쓰이는 단어들이 있는지 그리고 그 기원과 문화적 배경은 무엇인지 살피게 했다. 이건 더트프로젝트의 아주 작은 부분이긴 했지만, 학생들이 우리가 사용하는 언어의 다양함을 통해 우리가 자연을 대하고 이해하는 자세를 다시 생각해 보는 시간을 갖도록 함이었다. 비디오는 "Nature doesn't need people. People need nature(자연은 사람이 필요치 않아, 사람에게 자연이 필요한 거지)."란 경고를 화면에 크게 띄우며 끝이 난다. 짧은 비디오로 약간의 어수선함과 오후의 나른한 분위기가 사라지고 아이들이 눈빛을 반짝이며 집중하니 수업할 맛이 난다.

　습지토양을 관찰하는 일은 식물의 이름을 외우는 것보다, 내 경험으론, 더 많은 연습이 필요한 일이긴 하다. 우리가 같은 색을 보고도 그 채도와 명암에 따라 조금씩 다 다르게 느끼거나 표현하는 게 가능하듯이 딱 한 가지 답이 토양 컬러차트에서 읽어지지 않을 수 있다. 과학의 모든 활동이 그렇듯 그래서 정량화하려는 노력이 있는 것이다.

* * *

　캐리의 연구를 통해 토양색의 기록을 디지털사이언스(digital science)화 할 수 있는 닉스(NCS, Nix Color Sensor)라는 컬러센서를 연구의 또 다른 한 방법으로 도입했다. 닉스센서는 스마트폰에 어플을 깔아 연동해, 읽으려는 대상의 표면에 센서를 안정시켜 대상의 색을 동일한 빛조건에서 읽어내는 것이다. 센서가 대상 표면의 색을 읽고 나면 15개 정도의 색에 관련한 변수들이 기록되어 저장된다. 첫 시도라 앞으로 관심 있는 사람들의 추가 연구가 필요하겠지만, 다양한 습지토양에서 읽어낸 변수들과 먼셀 컬러차트의 세 요소들(색상, 명도 및 채도) 사이의 연관성을 조사하기도 했는데 언젠가는 습지환경 모니터링을 디지털화할 수 있지 않을까 하는 생각이다. 읽는 사람의 주관성을 배제할 수 없는 컬러차트와 디지털 도구들이 병행되어 습지조사와 구분에도 쓰이면서 한동안 데이터가 축적되면 가까운 미래에 가능할 수 있다는 생각이다. 우리의 연구는 그 프레임을 제시했다는 데 의미가 있다. 또한 이 연구에서 우리는 토양 컬러 변수들과 습지의 탄소저장능 사이의 연관성도 살펴보면서 기후위기에 중요한 탄소저장고로서의 습지토양 모니터링에 적용할 수 있을지도 고민해 보았다. 시민과학자들이 쉽게 자신의 스마트폰에 어플을 깔고 약간의 안내 및 트레이닝을 받으면 모니터링이 가능하도록 프로토콜도 정리해서 논문으로 출간하기도 했다.

습지토양은 습지의 조성 및 복원에서 중요하다. 조성은 전에 습지가 아니었던 땅에 습지를 건설하는 것이고, 복원은 현재는 습지의 모습이 아니더라도 과거 습지였던 곳에 다시 습지를 만드는 일이다. 그런 부지를 찾을 수만 있다면 복원이 조성보다 훨씬 추천된다. 과거 나의 일리노이 범람원복원 프로젝트 중에도, 농지로 변경되어 100년 동안 물을 빼고 농사를 짓던, 한때 습지였던 곳에 자연스럽게 강물이 들게 하니, 아무것도 하지 않았는데도 잠자던 종자은행(seed bank)으로 인해 수백 종류의 수생식물들이 다시 그 모습을 드러낸 것을 본 적이 있다. 자신의 본모습을 처절하리만큼 잘 기억하는 습지토양이다. 물론 조성이던 복원이건 '시간'이 필요하다. 미치 교수는 습지복원을 얘기하면서 'Mother Nature, Father Time(어머니 자연, 아버지 시간)'이란 말을 늘 입버릇처럼 하곤 했다. 습지는 시간이 지남에 따라 발달하고, 변동하고, 쇠퇴하고, 또 복원되기도 한다. 습지는 날마다, 계절마다, 지질학적 시간에 걸쳐 변화하기도 하고, 시간은 우리의 습지와의 관계, 습지의 이용 및 보존에 대한 접근 방식을 변화시키기도 한다. 나머지는 자연 스스로가 가지는 여러 기제들을 관찰 및 연구하면서 인간이 조력자로 할 수 있는 일을 찾는 일인데, 이는 앞서 언급했던 생태공학의 목적이기도 하다.

치열하게 변죽을 울리는 물(범람)을 품어 어려운 사랑을 하는 '땅'은 결국 그걸로 인해 자신의 정체성을 만들었다. '습지(Wet-Land)'가 된 것이다. 그리고 그 아픈 사랑의 기억을 자신의 회색 바탕 토양에 밝은 주황, 갈색 혹은 노란색 빛이 나는 모틀로 새긴 것이다. '경계인으로서 삶을 통해 만들어진 나의 모틀은 무얼까?'라는 생각이 문득 들기도 한다. 경계는 늘 길을 찾는다. 나도 언젠가 답을 찾을 수 있을 것이다.

＊ ＊ ＊

지난 시간의 시험을 이겨내고 현재의 시간 속에 존재하는 우리 모두는 아름다운, 여전히 진화하는 '복잡계'다. 그 어떤 순간에도 숫자 하나로 데이터화할 수 없는, 고귀하고 소중한 존재인 너와 나인 것이다. 그래서 새로운 만남은 늘 소중하고 뜻깊다. 우리는 서로 다 다르지만 그래서 더욱 소중한 것임을 깊이 이해했으면 좋겠다. 우리는 물이자 흙이다. 한 가지 분명한 것은 우리 모두 언젠가는 한 줌의 재, 먼지(dust)가 된다는 것이다. 내 생각에 배설물, 섹스, 더러운 농담과 연관되어 있는 영어단어 더트(dirt)를 경멸적으로 쓰는 그 바탕에는 인간의 죽음에 대한 두려움이 있기 때문인 듯하다. 땅, 대지는 모든 만

물의 어머니, 그런데 땅 혹은 흙을 비하하는 것은, 즉 여성 비하적인, 전형적인 가부장제의 사고방식이 만들어 키운 단어의 쓰임이 아닐까 생각해 본다. 지구가, 땅이, 흙이 우리를 만들었지만 우리에게 영생을 주지 않는 것에 대한 분노 같은 것일 수도 있겠다 싶다. 이런저런 생각이 많아지는 주제다.

말이 바뀌면 행동이 바뀔 수 있다. 우리의 기후행동(Climate Action)에 필요한 변화는 우리가 사용하는 말 하나의 변화에서부터 시작될 수 있다. 유엔은 2015년을 '세계 토양의 해(International Year of Soils)'로 정했다. 식량안보와 필수 생태계 기능에 있어 토양의 중요성에 대한 인식과 이해를 높이기 위함이다. 벌써 10년이 지난 지금, 기후위기의 비밀병기, Dirt, 흙, 토양에 대한 우리의 이해와 관심이 더욱 필요하다.

14장

홈커밍
(Homecoming),
집으로

　밤부터 새벽까지 내린 비로 거리가 온통 물청소를 한 것처럼 깨끗하다. 늦여름 태양이 강렬한 햇살을 내뿜는 파아란 하늘이 나를 반기는 오전이다. 헤드셋을 쓰고 키스 재릿(Keith Jarrett)을 초대한다. 그리고는 한동안 못 본 나의 나무를 보러 집 옆 공원으로 향했다. 그 가지들의 뻗은 모습이 예쁘고 참 멋지다. 이 나무가 내게 특별해진 지는 6년 정도 된 것 같다. 여러 나무 중에도 이 녀석이 처음부터 딱 꽂혔다. 그래서 공원산책을 나가면 이 나무를 바라보고, 살피고, 사진을 찍기도 하고…. 맞다, 대화도 한다. 마치 인격체인 것처럼….

　난 나무의 가지들이 뻗어 나가는 방식에 관심을 기울이며 바라보는 것을 좋아한다. 나뭇가지들이 뻗어 나가는 수지상 형태(dendritic pattern)는 사람의 폐혈관 모습 같기도 하고, 수계의 하천과 작은 시내들이 모여 확장되어 나가는 방식을 상기시키기도 한다. 생명의 모습과 살아가는 형태는 세상 많은 곳에 살짝살짝 숨겨져 있는데 보려고 하면, 또한 알면 보이게 되기도 하다.

어느 해인가 한국을 잠깐 다녀와서 집 근처 공원을 걷다가 늘 지나치던 참나무 하나와 교감을 하게 되었다. 한 동네에 꽤 오랫동안 살았는데도 지나치기만 했지 그 나무의 큰 밑동에 기대어 본 적이 없다. 단 한 번도! 가수 박정현의 노래 '도착'의 가사가 그 기분, 그 정서를 기가 막히게 전달한다 "차창 밖 흩어지는 낯선 가로수, 한 번도 기댄 적 없는…." 그 날 그 참나무에 기대어 나무가 주는 그늘과 시원함에 한참을 앉아 있다 보니 그 나무는 자연스레 'My oak tree, 나의 참나무'가 된 것이다. 계절별로, 혹은 거의 매주 공원을 찾아 나무를 보게 되면 관찰에 힘이 생겨 그 나무에 대해 보이지 않던 것들이 하나씩 보이게 된다. 사람의 언어를 사용하지 않지만 나무와 나는 이미 연대감을 느끼고 있다. 이 나무를 누가 함부로 베어내려 한다면 엄청나게 화를 내고 막아설 것이다. 나무는 이미 내게 home이 되었기 때문이다. 마음의 터전에 붙은 유형무형의 것들 중 뿌리를 내려 정서적으로 우리에게 home이 되는 것들이 있다. 내게는 그 나무가 그랬다. 언젠가 이곳을 떠난다면 가장 그리워질 것 중 하나일 것이다.

* * *

"현재 제 집 home이 있는 미국으로 돌아가기까지 일주일밖에 남지 않았습니다. 하지만 지난 6개월 동안 운 좋게도 방문하고 가르칠 수 있었던 고향인 한국을 떠나는 것이 무척 슬프기도 합니다. 짧은 시간이었지만 모국, 모국어, 그리고 만나뵐 수 있었던 많은 분들, 무엇보다도 한국학생들을 가르치며 한국의 정을 다시 느낀 시간이기도 했습니다. 이 세상의 어떤 사람도 home이 없다면 안정감을 느끼지 못할 것입니다. 저는 제 삶에서 home이라 부를 수 있는 두 장소, 한국과 미국을 갖게 된 것을 축복으로 생각합니다. 그런데 이 두 home 외에도 '자연'이라는 세번째 home이 우리 모두에게 있다고 생각합니다. 현재 우리는 기후위기의 시대를 살고 있습니다. 홍수, 가뭄, 산불, 폭염 등 전 세계적으로 기후 이상과 관련된 각종 현상의 증가에 관한 뉴스를 매일 접하고 있습니다. 또한 최근 수십 년 동안 도시화가 가속화되면서 습지를 비롯한 자연 서식지와 생태계서비스가 크게 손실되어 우리의 생활환경이 기후위기의 영향에 더욱 취약해지고 있습니다. 기후위기로부터 우리에게 소중한 것을 보호하려면 우리 모두가 home으로서의 자연에 대한 인식을 증진시켜야 할 것입니다. Home 으로서 자연의 소중함에 대한 우리의 인식 및 마음을 공유할 수 있다면, 기후위기에 대처하는 현명한 방법을 찾을 수도 있을 것입니다…."

위의 글은 2019년 봄학기, 본교에서 파견되어 인천 송도 글로벌 캠퍼스에 상주해 있는 조지메이슨대학교 코리아(Mason Korea) 캠퍼스에서 한 학기 한국학생들을 가르치고 다시 미국으로 돌아가기 전, 연사로 초청되었던 국제환경갈등회의에서 발표한 내용의 일부이다. 나의 한 학기가 여러모로 캠퍼스와 학생들에게 조금이나마 도움이 되어 기쁜 마음이었다. 몇몇의 학생들은 미국 본교에 와서 다시 만나고 계속 지도할 수 있었고, 그들의 성장과 발전을 지켜보는 뿌듯함은 스승으로서 큰 기쁨이었다. 나로서도 오랜만에 한국에서 다시 살아보는 시간을 통해 그리움, 향수, 긴장이 없는 상태를 경험할 수 있었던 축복 같은 시간이기도 했다.

* * *

외국생활이 오래된 사람들에겐 다 그럴 것 같긴 한데, 나에게 영어단어 'home'은 그 어떤 한국말로도 백퍼센트 옮겨지지 않는, 많이 아리는, 특별한 단어다. 사실상 특별한 단어가 된 지 오래다. 그냥 그 단어가 보일 때나 들릴 때, 혹은 누군가가 내게 그 단어를 대화나 문장 중에 말할 때, 아주 깊은 곳 어디에서 약간 '울컥'하는 느낌을 받기도 한다. 그래서 자신의 home을 찾는(물리적, 정서적, 심리적, 문화적, 언어적 그리고 그 외 모든 측면에서) 사람들의 이야기는 늘 나의 관심대상이다. 알다시피 Home은 물리적인 House만이 아니라 마음이 느끼는 상태와 깊게 연결되어 있는 단어이기 때문이다.

최근 흔히 볼 수 있는 환경난민들의 모습은 우리 모두가 언젠가 난민일 수 있음을 시사한다. 물리적인 이동을 하지 않았어도 이미 마음이 난민인 사람들은 더 많을 것이다. 종종 '국가안보'나 '국토안보'와 같은 말들을 듣게 되는데, 이 말들은 모두 '인간안보'에 관한 것이다. 환경안보는 우리의 생존과 번영을 위한 것이기 때문에 인간안보라 할 수 있다. 이는 우리와 우리 가족, 그리고 지역사회에 관한 것이며, 환경 거버넌스(governance) 및 관리의 두 가지 핵심개념인 지속가능성(sustainability)과 회복탄력성(resilience) 역시 인간안보를 위한 것이다. 해수면 상승, 기상이변, 가뭄 및 물 부족 등 기후변화의 영향 중 하나 이상과 관련된 자연환경의 갑작스럽거나 점진적인 변화로 인해 고향이나 고국을 떠날 수밖에 없는 기후난민이나 이주민이 점점 더 많아지고 있는 현실이라 환경안보에 대한 다각적인 이해와 노력이 필요하다.

＊ ＊ ＊

인천 송도 글로벌캠퍼스에서의 한 학기 이후, 국제학과에도 겸임교수가 되었다. 이는 그 전공의 학생들을 지도하거나 멘토링한 것도 있지만, 국제학과 내에서도 '환경' 분야의 전공이 중요한 부분으로 부상했기 때문이다. 팬데믹이 오기 2~3년 전부터 여름학기에 학생들을 데리고 다른 나라의 어느 특정장소에 가서 준비된 주제로 활동이 이루어지는 '스터디 어브로드(study abroad) 프로그램'을 만들었다. 준비와 홍보에 무던히 애를 썼지만 팬데믹으로 3년간 해외로 가는 모든 수업이 중단되어 실행하지 못하고 있다. 스터디 어브로드가 중단된 기간에도, 그걸 토대로 연장선상에서 만들려고 했던 새 과목도 완성시켰다. 가장 최근 내가 개발한 새 수업의 제목은 '세계습지의 자연과 문화(Nature and Culture in Global Wetlands)'이다. 자랑을 좀 하자면 이 과목은 자연과학대학 과목으로는 드물게 Mason Core(모든 조지메이슨 대학 학부생이 들어야 되는 핵심 과목) 중에서 Global Understanding(국제

이해) 카테고리에 선정되었다. 인문학 쪽에는 Global Understanding 에 적합한 과목들이 여럿 있었으나, 자연과학 쪽에선, 더더욱 생태학 이 바탕인 경우는 거의 없었다. 몇 번의 심사를 거치고 학습효과에 대 한 까다로운 조건들을 충족해야 하는데, 메이슨 코어 위원회의 칭찬 까지 받으면서 한 번에 통과된 과목이기도 하다. 여름학기 스터디 어 브로드로 만들었던 과목을 확장하여 정식학기에 개설할 수 있는 4학 점짜리 수업이 탄생한 것이다. 더욱이 이 수업은 내 스스로도 더 배우 고 싶은 마음에 만들기도 한 것이었다. 돌이켜보면 스터디 어브로드 코스를 만들기 위해 추운 겨울날 방문했던 그리스의 한 어촌마을 메 소롱기를 잊을 수가 없다.

* * *

"메솔롱기 라군(Messolonghi lagoon)까지는 몇시간이나 걸려?" 아테 네를 벗어나자마자 기름도 넣고 커피와 간단한 도넛으로 아침식사를 대신할 겸해서 차를 세우는 알렉스에게 물었다.

"3시간 정도면 충분할 거야." 동행한 아이리니가 주유하느라 정신 없는 알렉스 대신 알려준다. 처음 만난 이 둘과 함께 승용차로 아테네 에서 메소롱기라는 그리스의 한 어촌마을로 향하는 중이다. 남쪽이 라 좀 나을 줄 알았더니 그리스의 겨울도 춥기는 마찬가지다. 스터디 어브로드 수업을 만들기 위해 사전답사격으로 그리스를 찾은 것은 2019년 1월초였다. 그리스는 내게 첫 방문이었다. 어젯밤 저녁 늦게 아테네에 도착해, 전철 안에서 두 번이나 내 백팩에서 뭔가를 훔치려고 하는 소매치기 두 명을 따돌리고 안전하게 시내 호텔에 도착해 맥주 한 잔, 식사 한끼도 제대로 못하고 자고 일어난 아침이다. 방문 전부터 여러 번 이메일을 통해 알게 된, 지중해 자연 및 인류학 연구소(Mediterranean Institute for Nature and Anthropos)에 근무하는 문화유산 전문가인 아이리니가 같은 직장에 근무하는 알렉스와 함께 호텔에서 나를 태우고 메솔롱기를 함께 방문하기 위해 시간을 냈다. 고마워서 아침을 내가 사겠다는데 알렉스가 그리스에 처음 온 손님한테 그럴 수는 없다며 극구 자기가 커피값을 지불한다.

메소롱기에 있는 메솔롱기 라군은 그리스에서 가장 큰 람사르습지로 공식적인 명칭은 '메솔롱기-에토리코 라군, 하류, 아첼루스강과 에비노스강 삼각주 및 에키나데스섬의 국립공원(National Park of Messolonghi-Etoliko Lagoons, of lower flow, of Acheloos and Evinos rivers delta and of Echinades islands)'이며, 가장 중요한 지중해 습지 중 하나다. 메솔롱기 라군은 그리스 서해안 중부의 파트라만 북부에 위치해 있는데 에비노스강과 아첼로스강 사이에 펼쳐진 광활한 저지대 지역이다. 메소롱기 자체는 인구가 3만 조금 넘는 작은 도시인데, 한때는 영국시인 바이런(Lord Byron)의 제2의 고향으로 유명했던 곳이기도 하다. 아이리니의 설명에 의하면 지금은 낙후되고 많은 젊은이들이 큰 도시로 다 빠져나가서 활력이 없는 작은 어촌마을이다. 다행히도 최근 고향을 떠났다가 돌아온 젊은 친구들이 도시를 재건하기 위해 메소롱기 바이로컬즈(Messolonghi by Locals)라는 단체를 만들고 생태관광을 비롯한 여러 사업들을 구상 중이었다. 내가 미국대학의 학생들과 여름 2주 정도의 기간을 방문해서 메솔롱기 람사르습지의 생태와 문화를 탐방하고 공부하는 수업을 만들려고 한다는 것을 알고, 아이리니와 알렉스가 일하는 연구소에서 메소롱기를 생태도시로서 재건하기 위한 노력에 도움이 될 수 있는 좋은 아이디어로 생각해 나의 사전답사에 도움을 주게 된 것이었다.

"와~ 플라멩코네!" 메솔롱기 라군에 도착하자마자 내 눈을 사로잡은 것은 수백마리의 새들이었는데, 특히 핑크빛의 플라멩코 무리는 조금은 휑해 보이는 겨울습지에서도 장관이었다. 메솔롱기 라군은 핑크플라멩코와 펠리컨의 중요한 서식지 및 번식지로서 다양한 조류 군집이 보존되고 있었다.

"이 람사르습지는 새가 정말 유명해!" 알렉스가 자랑스럽게 비싸 보이는 쌍안경을 꺼내든다. 탐조 꽤나 해본 모양이다. 나와 아이리니는 메솔롱기 람사르습지를 관리하는 환경관리부서의 두 직원을 만나 건물로 안내를 받아 들어갔다. 어눌하지만 열심히 영어로, 그리스말 못하는 내게 친절을 다하는 그들이다. 간단한 프리젠테이션을 듣고 나서 다들 메솔롱기 라군 투어에 나섰다.

＊ ＊ ＊

내가 만든 여름학기 과목의 제목은 'Culinary Heritage and Ecology of Messolonghi Lagoons(메솔롱기 라군의 요리유산과 생태)'이다.

현재 기후위기 및 전지구적 환경변화로 인해 위협받는 람사르습지를 방문해 진행 중이거나 예측 가능한 생태계 변화 및 위협을 살피고, 그로 인해 그 생태계에 의존해 온 지역의 오랜 음식문화가 어떤 영향을 받을까를 공부해 보는 것이다. 즉, 자연과 인간의 삶의, 떼려야 뗄 수 없는 연결에 대한 이해와 체험을 목적으로 하고 있다. 특히 그리스의 메솔롱기 라군은 소금 생산으로 가장 잘 알려진 최대 규모의 염습지 단지이자, 역사적으로도 어업과 염전업이 미식 유산 및 음식 문화와 밀접한 관련이 있는 곳이기도 해 선택하게 된 것이었다. 전 세계의 많은 지역사회는 습지생태계와 문화적으로 깊은 관계를 맺고 있는데, 이는 종종 전통지식 및 구전되어 오는 이야기, 혹은 그 지역의 관습에 깊이 내재되어 있기도 하다. 이런 지식도 과학적 정보와 함께 습지 보존 및 관리 노력에 통합되어 이용될 수 있다면 바람직할 것이다.

현재 해수면 상승과 기후변화의 여러 영향들은 전 세계적으로 많은 문화유산 및 유산지에게 큰 위협이 되고 있다. 우리는 종종 "We are what we eat(무엇을 먹는냐가 당신이 누구냐를 결정한다)." 라고 말하는데, 습지의 환경변화로 더 이상 특정지역의 식문화를 대표해 온 음식재료를 해당습지에서 얻을 수 없다면 지역사람들의 먹거리가 바뀔 수밖에 없을 것이며, 천천히 그들의 문화적 정체성에도 변화를 가져올 수 있기 때문이다. 넓게는, 학생들이 환경안보를 위한 물, 에너지, 식량의 결합에 대한 생태학적 이해와 문화적 소양을 갖춘 글로벌 시민이 될 수 있기를 바라는 마음이 이 수업을 기획하게 된 이유이기도 했다. 이 과목을 만들면서 전 세계적으로 가보면 좋겠다고 생각한 여러 람사르습지들을 추려보고 유네스코 문화유산으로 지정된 곳과 혹은 거리상 가까운 람사르습지들을 다시 정리해 보기도 했다. 일단은 서구에서 한 나라, 그리고 동아시아에서 한 나라를 선택해서 동서양의 람사르습지 두 곳을 가는 수업을 시작할 수 있기를 바랐다. 그래서 일정, 예산, 홍보에 많은 시간과 노력을 들였음에도 코로나19로 인해 아직 현실화되지 못한 것이다. 동아시아는 당연히 한국을 염두에 두고 시작한 것이었다. 내가 교수를 하는 동안 이곳 학생들과 우포나 순천만 같은 한국의 람사르습지와 갯벌을 방문하고 관련된 지역의 음식문화와 자연을 배우며 경험하게 하는 것이 습지학자로서 또 교수로서 마지막으로 하고 싶은 일이다.

* * *

"그리스?" 학생들을 데리고 여름학기 이탈리아로 가는 지질학 답사수업을 홍보하기 위해 나온 지리 및 지질학과 교수 앤디가 코웃음을 친다. 오늘은 하루 종일 학생들 모집을 위한 홍보의 날이다. 조지메이슨 코리아에서 인연을 맺고 현재 본교에 와 있는 두 명의 학생들도 나를 도와주러 나왔다. 앤디가 코웃음을 친게 이해도 간다. 꼭 필요한 것은 아니지만 그리스 사람도 아니고 그리스말 한마디 못하는 동양인 교수인 내가 학생들을 데리고 그리스를 가는 프로그램이라니! 그에겐 웃기기도 했을 것 같다. 그러나 도전이었다. 지중해 자연 및 인류학 연구소의 연구원들이 돕고 있었고, 메소롱기에서 만난 젊은이들 그룹인 메소롱기 바이로컬즈가 있어 불가능한 일은 아니었다.

알렉스와 아이리니가 마련해 준 숙소에서 하룻밤을 묵었는데 고장이 났는지 난방이 잘 안 돼(하룻밤에 20유로였던 걸로 기억하는데 그러니 큰 기대가 없긴 했지만 이 정도일 줄은…) 방한 파카를 입고도 추워 눈을 잠깐 붙이는 둥 마는 둥 하며 밤을 보내야 했다. 춥게 보낸 밤 때문인지 아침에 몸 상태가 좋지 않았다. 그래도 아침 일찍부터 메솔롱기 라군 습지관리기관에서 나온 안내자 덕에 소금 생산과 어업에 집중적으로 관리되고 있는 습지를 돌아볼 수 있었다. 이 습지에서 나는 물고기를 잡아 염전에서 생산된 소금으로 구이를 만들어 먹는 것이 이 지역 누구에게나 익숙한 일이었다.

낮에는 한 어부의 수상가옥도 방문했고, 1962년에 설립된 스테포스(Stefos)라는 회사를 찾았는데 회사의 대표인 페트로스는 동글동글한 얼굴에 큰 배를 귀엽게 가린, 약간 산타클로스 같은 느낌의, 호탕하고 유머가 가득한 사람이었다. 직접 메솔롱기 람사르습지에서 잡은 다양한 어종을 같은 습지에서 생산된 소금으로 가공하는 시설 전체를 우리에게 보여주었다. 특히 보타르가(Bottarga)라고 불리는 미식가들의 별미를 생산하는 모습을 볼 수 있었는데, 일반적으로 숭어나 참다랑어의 알을 소금에 절인 후 숙성시킨 별미로 알려져 있다. 메솔롱기에서 나오는 제품은 원산지 보호 지정을 받은 최상급제품으로 분류되어 매우 고급스러운 것으로 유명하단다. 보타르가 스테포스 생산 공장은 방문객에게 개방되어 있으니 학생들과 함께 올 수 있는 방문지로 일정에 추가하면 좋겠다면서 아이리니가 말을 건네니 "언제든지 환영!"이라며 페트로스가 두 팔을 벌려 껴안는 시늉을 해 모두를 웃게 만들었다.

아이리니도 잠을 잘 못 잤는지 일정에 피곤해하는 모습이 역력했는데, 알렉스의 근사한 저녁식사 계획에 환호하며 메솔롱기 습지에서 잡은 물고기를 상업적으로 판매하는 생선 식당을 함께 찾았다. 마침 레스토랑의 요리사가 부엌을 공개해 습지에서 공급된, 신선하게 보관된 생선들을 보여주었다. 생선을 양념하고 그리스식으로 요리하는 과정도 관찰할 수 있었는데, 하루 종일 걸어 배가 고팠는지 생선구이만 고대하고 있었던 것 같다. "창우, 한 잔 받어. 니가 손님이니까." 알렉스가 권하는 그리스 전통주인 우조(Ouzo)를 한 잔 벌컥 마셨다. 오 마이 갓, 뽀얀 색깔이 칵테일처럼 보였지만 보드카보다 더 센 느낌이다. 제일 낮은 도수가 35도고 아마 50도짜리도 있다고 나중에야 설명해 준다. 좋은 사람들과 마침 나온 맛난 생선구이를 함께 하니 우조가 또 목으로 넘어가는 저녁이었다.

방문 중 인상깊은 것은 람사르습지뿐만 아니라 전공은 다 다르지만 고향을 살리겠다고 모인 메소롱기에서 나고 자란 젊은이들을 만난 것이었다. 이들은 메솔롱기 람사르습지를 중심으로 생태관광 프로그램을 만들고 있었는데 그 일환으로 마을의 문화유산 지도를 제작하고 있는 비정부시민단체(NGO)였다. 이 단체가 내 여름수업의 일정과 활동 등을 함께 계획해 주기로 했는데, 나중에 돌아와서 받은 그들의 여행일정은 완벽했다. 메솔롱기 라군과 관련된 자연과 미식 유산에 초점을 맞춘 일정은 학생들이 다양한 야외활동(카누타기, 자전거투어, 등산 등등)을 경험하면서도 음식재료가 되는 자원들의 보고인 습지의 생태변화 등을 관찰할 수 있는 프로그램이었다. 그들은 내게 그리스말로 씌어졌지만 습지를 기반으로 한 몇 가지 전통음식들의 레시피가 들어있는 작은 책자를 선물로 주기도 했다.

돌아보면 3년을 내리 소통하며 작업했는데, 코로나19 직격탄을 맞아 프로그램이 진행되지 못한 것은 너무나 안타까운 일이었고 아이리니를 비롯, 메소롱기 바이로컬즈 젊은이들에게도 미안한 마음이 너무 컸다. 아이리니는 상황이 상황이니 이해한다고 말해주었지만 미안한 마음을 제대로 전하지도 못했던 것 같다. 살다보면 인생의 계획한 수많은 일들 중에 실제로 이뤄지는 일은 정말이지 몇 안된다.

＊ ＊ ＊

일단은 2025년부터 준비해서 한국의 람사르습지를 방문하는 프로그램을 먼저 시도해 보고 싶은 마음이다. 그럴려면 한국에서도 도움을 받을 수 있는 누군가와 만나야 할 텐데 아직은 알 수 없는 일이다. 그래도 포기하지 않고, 되든 안되든 계속 또 해 보는 것이 내가 해야 할 일이라는 생각에는 변함이 없다. 물론 이것도 어떻게 될 지 아직은 미지수이지만, 인천 송도에 있는, 벌써 개교 10주년을 맞은 조지메이슨 코리아와도 연계하면 좋겠다는 생각이긴 하다. 게다가 글로벌 캠퍼스가 들어선 지역은 철새들의 도래지로 너무나 중요한 연안습지를 파괴하고 메워서 그 위에 도시를 건설하였다. 인천 글로벌 캠퍼스가 환경보전과 환경지속성에 대해 모델이 될 만한 무엇을 만들어 내야 할 책임과 가능성, 둘 다 있다고 본다. 그 모델 자체가 글로벌 캠퍼스의 브랜딩과 차별화된 아이덴티티에도 도움이 될 듯한데 아직은 나만의 생각일 뿐이다.

인류가 직면한 환경 문제는 어느 한 분야, 한 기관이나 단체의 노력만으로는 해결할 수 없다. 사회 각 분야에서 기후위기의 시급성을 공유하는 것은 매우 어려운 일이다. 처한 상황에 대한 인식과 이해는 종종 특정집단 안의 개인 간에도 차이가 크기 때문이다. 기후위기는 우리가 하는 거의 모든 일과 밀접하게 연관되어 있기 때문에 매우 복잡하고 다면적인 문제이며, 이 때문에 기후위기에 대한 효과적인 소통은 더욱 힘들게 느껴진다. 해결책을 찾는 것은 말할 것도 없고 위기에 대한 공동의 이해를 끌어내기 위해서는 다양한 과학적 소통과 대화가 필요하다.

한국에서 나고 자란 내가 관심을 가질 수밖에 없었던 인천 글로벌 캠퍼스가 가장 힘들 수 있었던 첫 10년을 넘겼으니 더 잘 성장해서 학생들에게 다양하고도 훌륭한 교육과 경험을 제공할 수 있기를 바란다. 또한 한국 대학에도 모델이 될 만한 뭔가를 만들어낼 수 있기를 바라는 마음 가득하다. 미국의 본교처럼 다양한 학생들의 배움터가 되려면 갈 길이 먼데, 한국이라는 지정학적, 문화적 영토에 있기에 또 다른 가능성이 있다고 긍정적으로 생각해 본다. 단순히 다름을 인정하고 관용을 베푸는 것에서 그치는 것이 아니라 다양한 출신의 학생들이 만나서 함께 배우고 교류하면서 서로 다른 삶의 약속을 엮어내는 장이 되면 좋겠다. 또한 그룹 안에서도 가장자리에 머물면서 외부의 사람들과 가장 쉽게 소통할 수 있는, 21세기가 그 어느 때 보다도 필요로 하는 인재들을 양성할 수 있는 곳으로 성장하기를 바라는 마음이다. 안에서 밖으로든, 밖에서 안으로든 경계나 경계 가까이에 있는 사람은 모든 것을 더 면밀히 관찰하며 다양한 혹은 새로운 사고방식이 가능한데 바로 그것이 창의성 또는 새로운 아이디어 창발의 바탕이 되기도 한다. 각각 다 다른 배경을 가진 사람들이 어떻게 공동의 국가적 삶을 살아가는 지에 대한 좀 더 깊고 애정 어린 관찰이 필요하다. 개인의 내적 다양성을 통합할 수 있는 내러티브와 응집력 있는 이상을 제시하는 교육프로그램을 만들고 잘 운영해야 할 것이다.

돌이켜 보면 지극히 제한적이지만, 습지생태문화수업을 만들고 예술과 인문학 그리고 다양한 사람들과 연결하려 했던 내 지난 활동의 배경에는 아주 깊은 곳에, 나도 깨닫지 못했던 '귀소본능(the home instinct)'이 있기 때문인 듯하다. 무슨 궤변이냐고? 결국, '집으로' 향하는 마음의 발로이며 그 길을 찾으려는 본능적인 움직임이라는 말이다. 마치 철새 큰뒷부리도요(Bar-tailed Godwit)의 잘 알려진 귀소본 능처럼…. 여기서 '집으로'는 단순히 나고 자란 한국으로의 물리적 귀환을 뜻하는 것이 아니다. 물리적인 장소가 아니고 궁극적으로 내가 찾고 만들어야 하는 'Home'에 대한 답을 구하고자 하는 간절한 마음인 것 같다. 그건 또한 한 사람으로서 삶에 가지는 가장 큰 책임이며, 자신이 누구이고 어디에서 왔는지에 대한 궁극적 응답이기도 하다. 우리 각자가 평생의 여정을 통해 자신만의 Home을 찾을 때(혹은 자신만의 home에 대한 감각이 내적으로 완성될 때) 비로소 주어진 삶에 빚지고 있는 답을 완성하는 게 아닐까? 사람들 각자가 자신의 삶에서 'I finally feel home' 할 수 있기를 바라는 바다.

* * *

생태시인 게리 스나이더(Gary Snyder)는 "자연은 방문하는 장소가 아니라 home이다(Nature is not a place to visit. It is home)."라고 표현한 적이 있다. 자연을 외부에 따로 떨어진 장소로 보는 현대인들의 태도를 지적하고 있는 것이다. 자연을 타자화해 온 현대사회의 문화적 태도와 인식에 대한 변화없이 여러 환경문제에 자연기반해법을 떠드는 것은 말장난에 지나지 않을지도 모른다. 시간이 걸리긴 하겠지만, 습지를 비롯한 다양한 자연생태계에 대해 우리가 본능적으로 느끼는 'home'이라는 정서적, 감정적, 혹은 심리적인 고양과 교감이 다양하게 더 많이 이루어져야 한다.

자연으로의 '귀소본능'은 미국의 생물학자이자 작가인 에드워드 윌슨(E. O. Wilson)이 만든 '바이오필리아(biophilia)'라는 단어와도 연결 지어질 수 있다. 이는 인간이 하나의 종으로 진화하면서 자연계와 복잡하게 얽혀왔다는 그의 이론을 설명하기 위해 대중화한 용어다. Home으로서의 자연의 향기에 무감각해진 우리는, 아무리 비싼 주택을 소유하고 있다해도 어떤 면에서 '홈리스(homeless)'인지도 모른다. 각자가 가지는 home에 대한 감각, 한국말로 '고향의 향기' 같은 것이 있다. 그게 고향집이건, 어떤 특정 꽃이나 나무의 내음이건, 아니면 어떤 음식이나 바람의 냄새, 혹은 처음 세상에 와서 어머니 품에서 느껴 깊은 곳에 각인된 무엇이거나…. 이렇게 다양하게 인지되고 뚜렷이 기억되는 home은 수많은 형태로 존재하며 간직된다. 난 지금도 오하이오주 콜럼버스에 도착한 첫날 아침공기의 냄새를 기억한다. 그리고 처음 콩팥습지에서 각인된 습지의 세계도 내 온몸과 감각에 저장되어 있다. 기후위기시대를 살면서 우리의 행동에 변화가 일어나려면 이성적인 수준 이상으로 뭔가 감정수준에 동요가 일어나야 한다고 생각한다. 효과적인 자연보전의 계획과 실천에 앞서 생태학적 기억상실증에 걸린듯한 인류에게 home으로서의 자연에 대한 인식과 갈망, 또한 자연을 보호해야 하는 책임을 느끼고 공감하게 할 수 있는 다양한 소통이 필요하다.

* * *

삶은 습지처럼 계속해서 물이 들고 나는 끊임없는 교란(혼돈)과 적응의 반복이다. 물론 그 모습과 강도는 그때그때 각양각색일 것이고, 그것에 역동적으로 적응해 나가는 것이 경계인인 '습지인간, 스웜프씽(The Swamp Thing)'으로서 나에게 주어진 삶에 책임을 다하는 일일 것이다. 누구에게나 주어진 한번의 삶이다. 그러니 스스로에게 너무 가혹하지 말고, 자신이 지금 어디에, 어떤 상황에 있던 온전히 끌어안는 사랑을 할 수 있어야 한다. 자긍심과 타인 및 다른 생명을 향한 존중은 그 사랑에 필수조건이다. 사랑해야 한다. 자신을 더욱! 요즘 그 어느때 보다도 많이 힘든 젊은이들에게 주제넘지만 내가 가장 당부하고 싶은 말이다. 그리고, 소중한 자신만의 home을 찾기 위해서라면 한번쯤은 멀~리 떠나는 것을 결코 두려워하지 말기를….

$\mathcal{B}ibliography$ • 참고문헌

＊1장 미나리에서 올렌탄지강 습지공원까지

안창우. 1994. 모의습지의 실험적 연구. 서울대 환경대학원 석사논문.

Mitsch, W.J. 2024. Memoirs of an Environmental Science Professor. CRC Press. 130 pp.

Mitsch, W.J., Gosselink J.G. 2007. Wetlands Fourth Edition. John Wiley & Sons, Inc. 582 pp.

Mitsch, W.J., Jørgensen, S.E. Ecological Engineering and Ecosystem Restoration. Wiley. pp. 1-44.

Mitsch, W.J., Wu, X., Nairn, R.W., Weihe, P.E., Wang, N., Deal, R., Boucher, C.E. 1998. Creating and restoring wetlands: a whole-ecosystem experiment in self-design. *Bioscience* 48 (12): 1019-1030.

Mitsch, W.J., Zhang, L., Stefanik, K.C., Nahlik, A.M., Anderson, C.J., Bernal, B., Hernandez, M., Song, K. 2012. Creating wetlands: primary succession water quality changes, and self-design over 15 years. *BioScience* 62 (3): 237-250.

Nahlik A.M., Fennessy M.S. 2016. Carbon storage in US wetlands. *Nature Communications* 7: 1-9.

Poulter, B., Fluet-Chouinard, B., Hugelius, G., Koven, C., Fatoyinbo, L., Page, S.E., Rosentreter, J.A., Smart, L.S., Taillie, P.J., Thomas, N., Zhang, Z., Wijedasa, L.S. 2021. A review of global wetland carbon stocks and management challenges. Wetland Carbon and Environmental Management. pp. 1-20.

Streever, B., Zedler, J.B. 2000. To plant or not to plant. *BioScience* 50 (3): 188-189.

＊2장 안녕, 닥터 안 (Hi, Dr. Ahn)！

Beaver Drop, Wikipedia. https://en.wikipedia.org/wiki/Beaver_drop (accessed as of March 2024)

Dee, S., Korol, A., Ahn, C., Lee, J., Means, A. 2018. Patterns of vegetation and soil properties in a beaver-created wetland located in the coastal plain of Virginia. *Landscape and Ecological Engineering* 14 (2): 209-219.

Fairfax, E., Whittle, A. 2020. Smokey the Beaver: beaver-dammed riparian corridors stay green during wildfire throughout the western USA. *Ecological Applications* 30 (8): e02225. 10.1002/eap. 2225.

Jordan, C. E., Fairfax, E. 2022. Beaver: The North American freshwater climate action plan. *WIREs Water* 9 (4) :, e1592.

Odum, E.P. 1969. The strategy of ecosystem development. *Science* 164 (3877) : 262-270.

Odum, E.P. 1977. The Emergence of Ecology as a New Integrative Discipline. *Science* 195 (4284) : 1289-1293.

Snyder, G. 1974. Turtle Island. New Directions. 112 pp.

Snyder, G. 1972. Energy is eternal delight, January 12, New York Times. https://www.nytimes.com/1972/01/12/archives/energy-is-eternal-delight.html.

Washington Post. 2011. Rainy August has hit a dry spell. August 4.

✳3장 다양한 이름만큼이나 신성한 습지

Ahn, C. 2015. Wetlands, 5th Edition (Book review), William J. Mitsch, James G. Gosselink, Wiley, New York, 736 pp. *Ecological Engineering* 82: 649-650.

Commoner, B. 1971. The Closing Circle: Nature, Man, and Technology, Random House Inc. First Edition (January 1).

EDF Staff. 2022. Carbon savior or carbon bomb? The complicated story of Earth's peat bogs. August 8, Environmental Defense Fund. https://www.edf.org/article/carbon-savior-or-carbon-bomb-complicated-story-earths-peat-bogs#:~:text=Peatlands%2C%20which%20make%20up%20only,climate%20change%20and%20human%20development.

Friedman, L, Davenport, C. 2023. After Supreme Court Forces Its Hand, E.P.A. Curbs Wetlands Protection. August 29, New York Times. https://www.nytimes.com/2023/08/29/climate/epa-wetlands-protection-rollback.html?searchResultPosition=1 (accessed as of March 2024).

Grant, R. 2016. Deep in the Swamps, Archaeologists Are Finding How Fugitive Slaves Kept Their Freedom - The Great Dismal Swamp was once a thriving refuge for runaways. September, Smithsonian Magazine, https://www.smithsonianmag.com/history/deep-swamps-archaeologists-fugitive-slaves-kept-freedom-180960122/ (accessed as of February 2024).

Great Dismal Swamp. Wikipedia. https://en.wikipedia.org/wiki/Great_Dismal_Swamp (accessed as of March 2024).

Gutenberg, L., Krauss, K., Qu, J., Ahn, C., Hogan, D., Zhu, Z. 2019. Carbon dioxide and methane flux from forested wetland soils of the Great Dismal Swamp, USA, *Environmental*

Management 64 (2) : 190-200.

Leibowitz, S.G., Nadeau, T-L. 2003. Isolated wetlands: State-of-the-science and future directions. *Wetlands* 23 (3) : 663-684.

Life Interlaced: wetlands and people, World Wetland Day, United Nations, https://www.un.org/en/observances/world-wetlands-day (accessed as of March 2024)

Mitsch, W.J., Gosselink, J.G. 2007 Wetlands Fourth Edition, John Wiley & Sons, Inc. 582 pp.

Proulx, A. 2022. Fen, Bog & Swamp: A Short history of Peatland Destruction and Its Role in the Climate Crisis. Scribner. 196 pp.

Turrentine, J. 2023. What the Supreme Court's Sackett v. EPA Ruling Means for Wetlands and Other Waterways. June 5, NRDC. https://www.nrdc.org/stories/what-you-need-know-about-sackett-v-epa.

*4장 스웜프 씽 (The Swamp Thing)

Ahn, C., Gillevet, P.M., Sikaroodi, M., Wolf, K. 2008. An assessment of soil bacterial community structure and physicochemistry in hummocks and hollows of palustrine forested wetland. *Wetland Ecology and Management* 17 (4) : 397-407.

Mitsch W.J., Gosselink, J.G. 2007 Wetlands Fifth Edition. John Wiley & Sons, Inc. 736 pp.

Serpas, M. 2018. Stop Calling Washington a Swamp. It's Offensive to Swamps. May 5, New York Times.

Swamp Thing. Wikipedia. https://en.wikipedia.org/wiki/Swamp_Thing (accessed as of March 2024)

*5장 생명의 물을 정화하는 습지

Ahn, C., Mitsch, W.J. 2001. Chemical analysis of sediment and leachate of constructed wetlands lined with FGD by-products. *Journal of Environmental Quality* 30 (4) : 1457-1463.

Ahn, C., Mitsch, W.J. 2002. Scaling considerations of mesocosm wetlands in simulating a large marsh. *Ecological Engineering* 18 (3) : 327-342.

Ahn, C., Mitsch, W.J. 2002. Evaluating the use of recycled coal combustion products for constructed wetlands: an ecologic-economic modeling approach. *Ecological Modeling* 150 (1) : 117-140.

Ahn, C., Mitsch, W.J., Wolfe, W.E. 2001. Effects of recycled FGD liner material on water quality and macrophytes of constructed wetlands: A mesocosm experiment. *Water Research* 35(3): 633-642.

Ahn, C., Peralta, R.M. 2012. Soil condition properties are useful in examining denitrification function development in created mitigation wetlands. *Ecological Engineering* 49: 130-136.

de Jonge, M.M.J., Gallego-Zamorano, J., Huijbregts, M.A.J., Schipper, A.M., Benítez-López, A. 2022. The impacts of linear infrastructure on terrestrial vertebrate populations: A trait-based approach. *Glob Chang Biol* 28(24): 7217-7233.

Desjardins, L. 2018. Will "red tide" algae in Florida turn some Republican voters blue? PBS New Hour. https://www.pbs.org/newshour/show/will-red-tide-algae-in-florida-turn-some-republican-voters-blue (Accessed as of March 2024).

Egan, D. 2023. The Devil's Element - Phosphorus and a World Out of Balance. W. W. Norton & Company. 228 pp.

Khan, A., Maharana, I. 2023. Urban Biogeochemistry and Development: The Biogeochemical Impacts of Linear Infrastructure. In: Biogeochemistry and the Environment. Springer.

Korol, A.R., Ahn, C., Noe, G. 2016. Richness, biomass, and nutrient content of a wetland macrophyte community affect soil nitrogen cycling in a diversity-ecosystem functioning experiment. *Ecological Engineering* 95: 252-265.

Korol, A.R., Noe, G., Ahn, C. 2019. Controls of the spatial variability of denitrification potential in nontidal floodplains of the Chesapeake Bay watershed, USA. *Geoderma* 338: 14-29.

McAndrew, B., Ahn, C., Spooner, J. 2016. Nitrogen and sediment capture of a floating treatment wetland on an urban stormwater retention pond - the case of the Rain Project. *Sustainability* 8(10): 972.

Mitsch, W.J., Gosselink, J.G. 2007. Wetlands Fifth Edition. John Wiley & Sons, Inc. 736 pp.

Napora, K., Noe, G.B., Ahn, C., Noe-Fellows, M. 2023. Urban stream restorations increase soil carbon and nutrient retention along a chronosequence. *Ecological Engineering* 195: 107063

Richardson, C.J. 1985. Mechanisms controlling phosphorus retention capacity in freshwater wetlands. *Science* 228(4706): 1424-1427.

Peralta, R., Ahn, C., Voytek, M., Kirshtein, J. 2013. Bacterial community structure of nirK-bearing denitrifiers and the development of soil properties in created mitigation wetlands. *Applied Soil Ecology* 70: 70-77.

Schueler, T.R. 1992. Design of Stormwater Wetland Systems: Guidelines for Creating Diverse and Effective Stormwater Wetlands in the Mid-Atlantic Region. Metropolitan Washington Council of Governments, Washington, D.C.

Sims, S. 2018. A Red Tide on Florida's Gulf Coast Has Been a Huge Hit to Tourism. September 7, New York Times. https://www.nytimes.com/2018/09/07/travel/florida-red-tide-tourism-gulf-coast.html (accessed as of March 2024).

Spieles, D.J., Mitsch, W.J., 2000. The effects of season and hydrologic and chemical loading on nitrate retention in constructed wetlands: a comparison of low- and high nutrient riverine systems. *Ecological Engineering* 14(1): 77-91.

Washington Post. 2009. U.S. wants farmers to use coal waste. December 22.

Wolf, K.L., Ahn, C., Noe, G.B. 2011. Development of soil properties and nitrogen cycling in created mitigation wetlands. *Wetlands* 31(4): 699-712.

Wolf, K.L., Ahn, C., Noe, G.B. 2011. Microtopography enhances nitrogen cycling and removal in created mitigation wetlands. *Ecological Engineering* 37(9): 1398-1406.

Wolf, K.L., Noe, G.B., Ahn, C. 2013. Hydrologic connectivity to streams increases nitrogen and phosphorus inputs and cycling in soils of created and natural floodplain wetlands. *Journal of Environmental Quality* 42(4): 1245-1255.

*6장 습지은행의 추억

Craft, C. 2016. Creating and Restoring Wetlands, From Theory to Practice. Elsevier Inc. 348 pp.

Hamilton, M.M. 1996. Dividends of A Wetland Bank. Washington Post, Feb 14.

Lacayo, R. 2002. Buildings that breathe. August 26, Time Magazine. https://time.com/archive/6596474/buildings-that-breathe/

Megonigal, J.P., Faulkner, S.P., Patrick, W.H. 1996. The Microbial Activity Season in Southeastern Hydric Soils. *Soil Science Society of America Journal* 60(4): 1263-1266.

Moser, K.F., Ahn, C., Noe, G.B. 2007. Characterization of microtopography and its influence on vegetation patterns in created wetlands. *Wetlands* 27(4): 1081-1097.

Moser, K.F., Ahn, C., Noe, G.B. 2009. The influence of microtopography on soil nutrients in created mitigation wetlands. *Restoration Ecology* 17(5): 641-651.

Orr, D. W. 1992. Ecological literacy: education and the transition to a postmodern world. SUNY Press.

Prince Williams Virginia, Metz Wetlands. https://www.pwcva.gov/department/historic-preservation/metz-wetlands (accessed as of April 2024)

Ruhl, J.B., Salzman, J. 2022. No Net Loss? The Past, Present, and Future of Wetlands Mitigation Banking. *Case Western Reserve Law Review* 73(2), Article 8.

Streever, B. 2007. Green Seduction: Money, Business, and the Environment. University Press of Mississippi. 220 pp.

USGS Water Science School. 2018. The 100-Year Flood. https://www.usgs.gov/special-topics/water-science-school/science/100-year-flood (accessed as of March 2024).

Wolf, K.L., Ahn, C., Noe, G.B. 2011. Microtopography enhances nitrogen cycling and removal in created mitigation wetlands. *Ecological Engineering* 37(9): 1398-1406.

Wolf, K.L., Noe, G.B., Ahn, C. 2013. Hydrologic connectivity to streams increases nitrogen and phosphorus inputs and cycling in soils of created and natural floodplain wetlands. *Journal of Environmental Quality* 42(4): 1245-1255.

＊7장-8장 리듬 속의 그 춤을 1-2

Ahn, C., Moser, K.F., Sparks, R.E., White, D.C. 2007. Developing a dynamic model to predict the recruitment and early survival of *Salix nigra* (Black Willow) in response to flooding. *Ecological Modeling* 204(3): 315-325.

Ahn, C., Sparks, R.E., White, D.C. 2004. A dynamic model to predict responses of millets (*Echinochloa* sp.) to different hydrologic conditions for the Illinois floodplain-river restoration. *River Research and Applications* 20(5): 485-498.

Ahn, C., Sparks, R.E., White, D.C. 2006. Analysis of Naturalization Alternatives for the Recovery of Moist-soil Plants in the Floodplain of the Illinois River. *Hydrobiologia* 565: 217-228.

Ahn, C., White, D.C., Sparks, R.E. 2004. Moist-soil plants as ecohydrologic indicators to recover flood pulse in the Illinois River. *Restoration Ecology* 12(2): 207-213.

Bellrose, F.C. 1941. Duck food plants of the Illinois River valley. *Illinois Natural History Survey Bulletin* 21: 237–280.

Cyranoski, D. 2008. Korean waterway project gathers opposition. *Nature.* https://doi.org/10.1038/news.2008.679

Dean, G. 2024. Barnyard Grass. https://www.eattheweeds.com/barnyard-grass/ (accessed as of April 2024).

Junk, W.J., Bayley, P.B., Sparks, R.E. 1989. The flood pulse concept in river-floodplain systems. In Dodge, D.P. (ed.). Proceeding of the International Large River Symposium. *Canadian Special Publication of Fisheries and Aquatic Sciences* 106: 110–127.

Kinser, S. 2004. Future of Illinois Farm May Lie in Swampy Past. September 27, New York

Times. https://www.nytimes.com/2004/09/27/us/future-of-illinois-farm-may-lie-in-swampy-past.html (accessed as of April 2024).

National Research Council. 1992. Restoration of Aquatic Ecosystem: Science, Technology, and Public Policy. The National Academies Press. 576 pp.

Rhoads, B.L., Urban, M.A. 1997. Human-induced geomorphic change in low-energy agricultural streams: An example from east-central Illinois. In: River Channel Restoration: Guiding Principles for Sustainable Projects (edited by Brookes, A, Shields, F.D.). Wiley.

Sparks, R.E., Nelson, J.C., Yin, Y. 1998. Naturalization of the flood regime in regulated rivers. *BioScience* 48(9): 706–720.

Sparks, R.E., Ahn, C., Demissie, M., Isserman, A., Johnston, D., Lian, Y., Nedovic-Budic, Z., White, D. 2005. Linking hydrodynamics, conservation biology, and economics in choosing naturalization alternatives for the Illinois River, USA. Archiv für Hydrobiologie Supplement 155 (Large Rivers 15): 521-538.

＊9장 오카방고의 추억

Junk, W.J., Bayley, P.B., Sparks, R.E. 1989. The flood pulse concept in river-floodplain systems. In Dodge, D.P. (ed.). Proceeding of the International Large River Symposium. *Canadian Special Publication of Fisheries and Aquatic Sciences* 106: 110–127.

Konecky, B.L., Noone, D., Mosimanyana, E., Gonewe, M. 2016. The impacts of climate change on rainfall, seasonal flooding, and evapotranspiration in the Okavango Delta region of Botswana. American Geophysical Union, Fall General Assembly 2016.

Sparks, R.E., Nelson, J.C., Yin, Y. 1998. Naturalization of the flood regime in regulated rivers. *BioScience* 48(9): 706–720.

Wolski, P., Murray-Hudson, M. 2008. 'Alternative futures' of the Okavango Delta simulated by a suite of global climate and hydro-ecological models. *Water SA* 34(5): 605-610.

생태편집위원회. 2011. 생태계와 기후변화. 한국생태학회. pp. 92~97

＊10장 체험학습을 위한 야외 습지 연구공간

Ahn, C. 2016. A creative collaboration between the science of ecosystem restoration and art in an urban college campus. *Restoration Ecology* 24(3): 291-297.

Ahn, C. 2024. Introduction to the special issue, Sculpting Solutions: Art Science Collaboration for Environmental Sustainability. *Nature-Based Solutions* 6: 100133.

Ahn, C., Dee, S. 2011. Early development of plant community in a created mitigation wetland as affected by introduced design elements. *Ecological Engineering* 37(9): 1324-1333.

Ahn, C., Mitsch, W.J. 2002. Scaling considerations of mesocosm wetlands in simulating a large marsh. *Ecological Engineering* 18(3): 327-342.

Bansal, S., et al. 2019. Typha (Cattail) Invasion in North American Wetlands: Biology, Regional Problems, Impacts, Ecosystem Services, and Management. *Wetlands* 39(4): 645-684.

Byers, R.J., Odum, H.T. 2011. Ecological Microcosm. Springer. 557 pp. (Softcover reprint of the original 1st ed. 1993).

Environmental Science Associates. 2023. Relatively Permanent? An Update on the Definition of Waters of the U.S. https://esassoc.com/news-and-ideas/2023/10/an-update-on-the-definition-of-the-waters-of-the-us/ (accessed as of March 2024)

Hollings, C.S. 1973. Resilience and stability of ecological systems. *Annual Review of Ecology and Systematics* 4: 1-23.

Irons, E. 2024. Feral Hues & Invasive Pigments: Examining Nature-Based Solutions through Ecosocial Art Engaging Spontaneous Urban Vegetation and Informal Greenspace. Special Issue: Sculpting Solutions: Art-Science Collaborations for Environmental Sustainability (edited by Changwoo Ahn). *Nature-Based Solutions* 6(3): 100137.

Kangas, P., Adey, W. 1996. Mesocosms and ecological engineering. *Ecological Engineering* 6(1-3): 1-5.

Korol, A.R., Ahn, C. 2015. Dominance by an obligate annual affects the morphological characteristics and biomass production of a planted wetland macrophyte community. *Journal of Plant Ecology* 9(2): 187-200.

Korol, A.R., Ahn, C., Noe, G.B. 2016. Richness, biomass, and nutrient content of a wetland macrophyte community affect soil nitrogen cycling in a diversity-ecosystem functioning experiment. *Ecological Engineering* 95: 252-265.

Levin, S.A. 1999. Fragile Dominion: Complexity and the Commons. Perseus Publishing. 250 pp.

McAndrew, B, Ahn, C., Brooks, J. 2017. Effects of herbaceous plant diversity on water physicochemistry in created mesocosms wetlands. *Journal of Freshwater Ecology* 32(1): 119-132.

Means, M.M, Ahn, C., Korol, A.R., Williams, L. 2016. Carbon storage potential by four macrophytes as affected by planting diversity in a created wetland. *Journal of Environmental Management* 165: 133-139.

Means, M.M., Ahn, C, Noe, G.B. 2017. Planting richness affects the recovery of vegetation and soil processes in constructed wetlands following disturbance. *Science of the Total Environment* 579: 1366-1378.

Mozdzer, T.J., Meschter, J., Baldwin, A.H., Caplan, J.S., Megonigal, J.P. 2023. Mining of deep nitrogen facilitates *Phragmites australis* invasion in coastal saltmarshes. *Estuaries and Coasts* 46(4): 998-1008.

Peterson, J.E., Kennedy, V.S., Dennison, W.C., Kemp, W.M. 2009. Enclosed Experimental Ecosystems and Scale. 1st ed. Springer. 221 pp.

Petratis, P. 2016. Multiple Stable States in Nature Ecosystems. Oxford University Press. 202 pp.

Renkl, M. 2024. The invasive species debate is not always simple. April 8, New York Times. https://www.nytimes.com/2024/04/08/opinion/invasive-species-debate.html

Wetland Mesocosm Compound. https://science.gmu.edu/academics/departments-units/ environmental-science-policy/facilities-and-centers/wetland-mesocosm (accessed as of March 2024)

Williams, L., Ahn, C. 2015. Plant community development as affected by initial planting richness in created mesocosm wetlands. *Ecological Engineering* 75: 33-40.

Whitcomb, I. 2022. Invasive species aren't always the bad guys. Sierra The Magazine of the Sierra Club. https://www.sierraclub.org/sierra/invasive-species-aren-t-always-bad-guys.

✳11장 외딴섬 부유습지 로맨틱

Ahn, C. 2015. K-12 participation is instrumental in enhancing undergraduate research and Scholarship. *Journal of College Teaching & Learning* 12(2): 87-94.

Ahn, C. 2016. A creative collaboration between the science of ecosystem restoration and art in an urban college campus. *Restoration Ecology* 24(3): 291-297.

Baldwin, J. i963. The Fire Next Time. Diel Press. 128 pp.

Brookner, J. 2009. Urban Rain: Stormwater as Resources. ORO Editions.

Burnard, P., Colucci-Gray, L., Sinha, P 2021. Transdisciplinarity: Letting arts and science teach together. *Curriculum Perspectives* 41(1): 113–118.

Clark, S.E., Magrane, E., Baumgartner, T., Bennett, S.E.K., Bogan, M., Edwards, T., Dimmitt, M.A., Green, H., Hedgcock, C., Johnson, B.M., Johnson, M.R., Velo, K., Wilder, T.A. 2020.

Transdisciplinary Approach to Art–Science Collaboration. *BioScience* 70 (9) : 821–829.

McAndrew, B., Ahn, C., Spooner, J. 2016. Nitrogen and sediment capture of a floating treatment wetland on an urban stormwater retention pond - the case of the Rain Project. *Sustainability* 8 (10) : 972.

McAndrew, B., Ahn, C. 2018. Developing an ecosystem model of a floating wetland for water quality improvement on a stormwater pond. *Journal of Environmental Management* 202 (Pt 1) : 198-207.

Nhat Hanh, T. 2009. The heart of understanding: Commentaries on the Prajnaparanita Heart Sutra. In: Peter Levitt (ed) Parallax Press.

Nhat Hanh, T. 2014. No Mud, No Lotus: The Art of Transforming Suffering. Parallax Press. 128 pp.

Odum, H.T. 1995. Environmental Accounting: Emergy and Environmental Decision Making. Wiley. 384 pp.

Owens, D. 2018. Where the Crawdads Sing. G.P. Putnam's Sons. 400 pp.

SER Newsletter. 2015. In memoriam, Jackie Brookner (1945–2015). Society of Ecological Evaluation 29

Snow, C.P. 1956. New Statesman and Nation 52, 413.

Snow, C.P. 1961. The Two Cultures and the Scientific Revolution. Cambridge University Press.

✳12장 생태학과 예술 사이 어디쯤

Ahn, C. 2015. EcoScience + Art Initiative: The New Paradigm for College Education, Scholarship, and Service. *The STEAM Journal* 2 (1) :, Article 11.

Besty Damon. https://www.betsydamon.com/ (accessed as of April 2024)

Betsy Damon. 2022. Water Talks: Empowering Communities to Know, Restore, and Preserve their Waters. Portal Books. 228 pp.

Betsy Damon. Wikipedia. https://en.wikipedia.org/wiki/Betsy_Damon (accessed as of April 2024).

Basia Irland. https://www.basiairland.com/ (accessed as of April 2024)

Basia Irland. 2007. Water Library. University of New Mexico Press. 248 pp

Basia Irland. 2017. Reading the River. Museum De Domijnen Sittard-Geleen. 229 pp.

Nilsson, C., Brown, R.L., Jansson, R., Merritt, D.M. 2010. The role of hydrochory in structuring riparian and wetland vegetation. *Biological Reviews of the Cambridge Philosophical Society* 85 (4) : 837-858.

Ulaby, N. 2024. A professor worried no one would read an algae study. So she had it put to music. NPR. https://www.npr.org/2024/04/04/1242001322/algae-bloom-florida#:~:text=Hourly%20News-,Florida%20students%20combine%20music%20and%20data%20to%20raise%20awareness%20about,to%20create%20an%20original%20composition (accessed as of April 2024).

Wendel, J. 2015. Musical Composition Conveys Climate Change Data. *Eos* 96.

✳ 13장 습지토양이 색으로 간직하는 물의 기억

Baker, D., Pollan, M. 2015. A secret weapon to fight climate change: dirt. December 15, Washington Post.

Craft, C. 2016. Creating and Restoring Wetlands, From Theory to Practice. Elsevier Inc. 348 pp.

Curtis, T.P., Sloan, W.T., Scannell, J.W. 2002. Estimating prokaryotic diversity and its limits. *Proceedings of the National Academy of Sciences of the United States of America* 99(16): 10494-10499.

Dee, S.M., Ahn, C. 2012. Soil properties predict plant community development of mitigation wetlands created in Virginia piedmont, USA. *Environmental Management* 49: 1022-1036.

Hong, S.H., Bunge, J., Jeon, S.O., Epstein, S.S. 2006. Predicting microbial species richness. *Proceedings of the National Academy of Sciences of the United States of America* 103(1): 117–122.

Ledford, K., Schmidt, S., Ahn, C. 2022. Assessing carbon storage potential of forested wetland soils in two physiographic provinces of Northern Virginia, USA. *Sustainability* 14(4): 2048.

Logan, W.B. 1996. Dirt: The Ecstatic Skin of the Earth. Riverhead Books. 202 pp.

Mitsch, W.J., Gosselink, J.G. 2007. Wetlands Fifth Edition. John Wiley & Sons, Inc. 736 pp.

Mitsch, W.J., Zhang, L., Anderson, C.J., Altor, A.E., Hernández, M.E. 2005. Creating riverine wetlands: Ecological succession, nutrient retention, and pulsing effects. *Ecological Engineering* 25(5): 510-527.

Munsell, A.H. 1915. Atlas of the Munsell color system, Wadsworth, Howland & Co., Inc., Printers. Smithsonian Library. https://library.si.edu/digital-library/book/atlasmunsellcol00muns. (accessed as of April 2024)

Richardson, J. L., Vepraskas, M. (Ed.) 2000. Wetland Soils: Genesis, Hydrology, Landscapes, and Classification. CRC Press. 432 pp.

Roesch, L.F., Fulthorpe, R.R., Riva, A., Casella, G., Hadwin, A.K., Kent, A.D., Daroub, S.H., Camargo, F.A., Farmerie, W.G., Triplett, E.W. 2007. Pyrosequencing enumerates and contrasts soil microbial diversity. *The ISME Journal* 1 (4): 283–290.

Schloss, P.D., Handelsman, J. 2006. Toward a census of bacteria in soil. *PLoS Computational Biology* 2 (7): e92.

Schmidt, S., Ahn, C. 2021. Analysis of Soil Color Variables and their Relationship between Two Field-Based Methods and its Potential Application for Wetland Soils. *Science of the Total Environment* 783: 147005.

Schmidt, S., Ahn, C. 2021. Predicting forested wetland soil carbon using quantitative color sensor measurements in the region of northern Virginia, USA. *Journal of Environmental Management* 300: 113823

Schmidt, S., Ahn, C. 2022. Characterization of redoximorphic features of forested wetland soils by simple hydro-physicochemical attributes in Northern Virginia, USA. *Wetland Ecology and Management* 30 (2): 295–312.

Schmidt, S., Ahn, C. 2022. A protocol for digitizing colors: the case of measuring color variables for forested wetland soils, USA. *Environmental Monitoring and Assessment* 194 (10): 726

Torsvik, V., Øvreås, L., Thingstad, T.F. 2000. Prokaryotic diversity-Magnitude, Dynamics, and Controlling Factors. *Science* 296 (5570): 1064–1066.

United States Department of Agriculture, Natural Resources Conservation Service. 2018. Field indicators of hydric soils in the United States, version 8.2. G.W. Hurt, L.M. Vasilas, and J. F. Berkowitz (editors). In cooperation with the National Technical Committee for Hydric Soils.

Weil, R.R., Brady, N.C. 2016. The Nature and Properties of Soils, 15th Edition. Pearson. 1104 pp.

✳ 14장 홈커밍(Homecoming), 집으로

Lyratzaki, I. 2011. Food and culture, food and nature: food resources and culinary heritage in Mediterranean wetlands. *In* Culture and wetlands in the Mediterranean: An evolving story. Mediterranean Institute for Nature and Anthropos.

Missolonghi–Aitoliko Lagoons. Wikipedia. https://en.wikipedia.org/wiki/Missolonghi%E2%80%93Aitoliko_Lagoons (accessed as of April 2024).

Snyder, G. 1999. The Practice of the Wild: Essays by Gary Snyder, North Point Press. 190 pp.

Wilson, E.O. 1984. Biophilia. Harvard University Press. 157 pp.

$\mathscr{I}ndex$ • 찾아보기

Memory of water
and wetland ecology

My
Swamp
Thing

나의 스웜프 씽

물의 기억과 습지생태 이야기

초판 1쇄 인쇄   2025년 11월 10일
초판 1쇄 발행   2025년 11월 25일

지은이   안창우

펴낸곳   지오북(GEOBOOK)
펴낸이   황영심
기획편집   툰드라, 전슬기
책임교정   노환춘
디자인   장영숙

주소   서울특별시 종로구 새문안로5가길 28, 1015호
(적선동, 광화문 플래티넘)
Tel_02-732-0337   Fax_02-732-9337
eMail_geobookpub@naver.com
www.geobook.co.kr
cafe.naver.com/geobookpub

출판등록번호   제300-2003-211
출판등록일   2003년 11월 27일

ISBN 978-89-94242-96-5 03400

재생종이로 만든 책

이 책은 환경과 산림자원 보호를 위한
FSC 인증 종이와 재생종이를 사용했습니다.